增补
改订版

动画制作
基础知识大百科

[日] 神村幸子 著

杨莎 译

人民邮电出版社
北京

图书在版编目（CIP）数据

动画制作基础知识大百科：增补改订版／（日）神
村幸子著；杨莎译. -- 北京：人民邮电出版社，2025.

ISBN 978-7-115-65259-1

Ⅰ．TP391.414

中国国家版本馆 CIP 数据核字第 2024PC5558 号

版 权 声 明

Original Edition	Collaboration
llustrations and producing：Sachiko Kamimura	Character design：Yoshikazu Yasuhiko
Layouting：Miho Hamada, Akira Hayashi	Glossary：Yasuo Otsuka
Composing：Sachiko Kamimura	A-1 Pictures Inc.
Editing：Motoki Nakanishi	Wish
Editorial collaboration：Go office	SUNRISE INC.
Revised Edition	Telecom Animation Film Co.,Ltd.
Cover illustrations：Sachiko Kamimura	ASAHI PRODUCTION.
Cover design：Yo-yo Suzuki,Rara Kawai(yo-yo rarandays)	Brain's Base.
Proofreading：Yume no hondanasha	Kobe Design University
Editing：Chihiro Tsukamoto(Graphic-She Publishing Co.,Ltd)	CG：Rryohei Horiuchi
	Photographs：Motoyo Kawamura

◆ 著　　　　[日]神村幸子

译　　　　杨　莎

责任编辑　王　冉

责任印制　陈　犇

◆ 人民邮电出版社出版发行　　北京市丰台区成寿寺路 11 号

邮编　100164　　电子邮件　315@ptpress.com.cn

网址　https://www.ptpress.com.cn

天津市豪迈印务有限公司印刷

◆ 开本：787×1092　1/16

印张：14　　　　　　　2025 年 5 月第 1 版

字数：395 千字　　　　2025 年 5 月天津第 1 次印刷

著作权合同登记号　图字：01-2022-4739 号

定价：129.80 元

读者服务热线：(010)81055410　印装质量热线：(010)81055316

反盗版热线：(010)81055315

前言

本书旨在以彩图和简明文字相结合的形式，对日本动画制作涉及的基础知识进行全方位的解说，面向的主要读者群体是新动画师。本书采用专栏等形式，对新动画师会接触到的动画用语及相关技术进行了详尽的讲解。

以成为动画师为奋斗目标的读者们和海内外的动画迷们可以按照第1章、第2章、第3章的顺序渐进式阅读，以了解动画制作的整个流程。如果读到不明白的专业用语，可以查阅并参考第4章、第5章的内容（提醒：本书在编校过程中，为便于读者对相关用语进行学习，保留了原版书第4章和第5章的排布方式和相应的日文）。

目录

上げ（庆功宴）／打入り（开工宴）／打ち込み（标注）／内線（内线）／ウラトレス（背面描线）／運動曲線（运动曲线）／英雄の復活（英雄复活）／エキストラ（人群）／絵コンテ（分镜）／絵コンテ用紙（分镜纸）／絵面（画面）／エピローグ（尾声）／エフェクト（特效）／演出（演出）／演出打ち（演出会议）／演助（演出助理）／円定規（圆形模板尺）／エンディング（片尾）／大判（大型纸张）／大ラフ（示意草图）／お蔵入り（仓管）／送り描き（逐帧作画）／オーディション（试镜）／オーバー（过曝）／オバケ（残影）／オープニング（片头）／オープンエンド（OP ED）／オールラッシュ（整体预演）／音楽メニュー発注（委托制作音乐曲目）／音楽メニュー表（音乐曲目表）／音響監督（音响监督）／音響効果（音响效果）

海外出し（海外委托制作）／回収（回收）／返し（返回动作）／画角（视域）／描き込み（绘入）／拡大作画（放大作画）／カゲ（阴影）／ガタる（晃动）／合作（合作）／カッティング（剪切）／カット（镜头/切分）／カット内O.L（镜头内叠化）／カットナンバー（镜头编号）／カットバック（交叉剪辑）／カット表（镜头计划表）／カット袋（镜头素材袋）／カット割り（镜头分配）／角合わせ（框角校准）／かぶせ（覆盖）／紙タップ（定位纸条）／カメラワーク（运镜）／画面回転（画面旋转）／画面動（画面晃动）／画面分割（画面分割）／ガヤ（喧器声）／カラ（留白）／カラーチャート（色彩表）／カラーマネジメント（色彩管理）／仮色（暂定色）／画力（画力）／監督（监督）／完パケ（成品）／企画（企划）／企画書（企划书）／気絶（失去意识）／軌道（轨道）／キーフレーム（关键帧）／決め込む（定案）／逆シート（律表往返）／逆パース（透视反转）／逆ポジ（位置反转）／脚本（脚本）／キャスティング（选角）／逆光カゲ（逆光阴影）／キャパ（能力）／キャラ打ち（角色会议）／キャラくずれ（角色崩坏）／キャラクター（角色）／キャラクター原案（角色原案）／キャラデザイン（角色设定/角色设计师）／キャラ表（角色表）／キャラ練習（角色练习）／切り返し（正反打镜头）／切り貼り（剪贴）／均等割（平均中割）／クイックチェッカー（Quick Checker）／クール（季）／空気感（空气感）／口パク（口型）／ロセル（口型赛璐珞）／クッション（缓冲）／組（组合）／組線（组合线）／グラデーション（渐变）／グラデーションぼけ（分层模糊）／クリーンアップ（清稿）／くり返し（重复）／クレジット（制作成员）／黒コマ/白コマ（黑场/白场）／グロス出し（整体委托制作）／クローズアップ（特写）／クロス透過光（十字闪光）／クロッキー（速写）／劇場用（剧场版）／消し込み（消去）／ゲタをはかせる（垫高）／決定稿（定稿）／欠番（缺号）／原画（原画）／原撮（原摄）／原図（原图）／原トレ（原画描摹）／兼用（兼用）／効果音（音效）／広角（广角）／合成（合成）／合成伝票（合成记录单）／香盤表（制片规划表）／コスチューム（服装）／ゴースト（鬼影光斑）／コピー＆ペースト（复制＆粘贴）／コピー原版（复印用稿）／こぼす（台词跨镜）／コマ（画格）／コンテ（分镜）／コンテ打ち（分镜会议）／コンテ出し（分镜委托）／コマ落とし的（跳帧速现手法）／ゴンドラ（悬挂式多层摄影台）／コンポジット（合成）

彩色（PC上色）／彩度（色彩鲜艳程度）／作打ち（作画会议）／作画（作画）／作画監督（作画监督）／差し替え（替换）／撮入れ（摄影交付）／撮影（摄影）／撮影打ち（摄影会议）／撮影監督（摄影监督）／撮影効果（摄影效果）／撮影指定（摄影指定）／作監（作监）／作監補（副作监）／作監修正（作监修正）／撮出し（摄影交付检查）／サブタイトル（副标题）／サブリナ（快速闪现）／サブリミナル（潜意识植入）／サムネイル（缩略图）／サントラ（原声带）／仕上（上色）／仕上検査（上色检查）／色彩設定（色彩设定）／下書き（底稿）／下タップ（下方定位尺）／実線（实线）／シート（律表）／シナリオ（脚本）／シナリオ会議（脚本会议）／シノプシス（大纲）／〆締め（期限）／ジャギー（锯齿）／尺（时长）／写真用接着剤（照片黏着剂）／ジャンプSL（跳跃SL）／集計表（汇总表）／修正集（修正集）／修正用紙（修正纸）／準組（粗略组合）／準備稿（暂定稿）／上下動（上下移动）／上下動指定（上下移动指示）／消失点（消失点）／初号（第1版）／ショット［（拍摄）镜头/Shot］／白コマ/黒コマ（白场/黑场）／白箱（白箱）／シーン（场）／白味（空白画面）／新作（新作）／巣

（筑巣）／スキャナタップ（扫描用定位尺）／スキャン（扫描）／スキャン解像度（扫描分辨率）／スキャンフレーム（扫描框）／スケジュール表（日程表）／スケッチ（素描）／スタンダード（标准用纸）／スチール（静态画）／ストップウォッチ（秒表）／ストーリーボード（分镜）／ストップモーション（定格动画）／ストレッチ＆スクワッシュ（拉伸＆挤压）／素撮り（纯摄影）／ストロボ（残影）／スーパー（叠加拍摄）／スポッティング（校准）／スライド（滑推）／制作（制作）／制作会社（制作公司）／制作進行（制片）／制作デスク（制片主管）／制作七つ道具（制作七件套）／声優（配音演员）／セカンダリーアクション（次级动作）／設定制作（设定制作管理）／セル（赛璐珞/图层）／セル入れ替え（赛璐珞/图层替换）／セル重ね（赛璐珞/图层顺序）／セル組（赛璐珞/图层组合）／セル検（赛璐珞/图层色彩检查）／セルばれ（赛璐珞/图层缺失）／セルレベル（赛璐珞/图层分层）／セル分け（赛璐珞/图层分配）／ゼロ号/0号（零号/0号）／全カゲ（全阴影）／選曲（选曲）／先行カット（预告镜头）／前日納品（前日交付）／センター60（中央60）／線撮（线稿摄影）／全面セル（全赛璐珞/全图层画面）／外回り（外勤）

台引き（移动摄影台）／対比表（角色对比图）／タイミング（时间节奏）／タイムシート（时间律表）／タッチ（笔触）／タップ（定位尺）／タップ穴（定位尺孔）／タップ補強（定位尺加固）／タップ割（定位中割）／ダビング（声音合成）／ダブラシ（多重曝光）／ためし塗り（试涂色）／チェックV（DVD）［检查V（DVD）］／つけPan（追踪摇镜）／つめ/つめ指示/つめ指定/（轨目/轨目指示/轨目指定）／テイク（Take）／定尺（确定长度）／ディフュージョン（柔焦）／デスク（制作主管）／手付け（手动操作）／デッサン力（绘画能力）／手ブレ（手持摄影）／出戻りファイター（返乡战士）／テレコ（调换顺序）／テレビフレーム（电视框）／テロップ（字幕信息）／伝票（记录单）／電送（网络输送）／テンプレート（模板尺）／動画（动画）／動画検査（动画检查）／透過光（透射光）／動画注意事項（动画注意事项）／動画机（动画桌）／動画番号（动画编号）／動画用紙（动画纸）／動検（动检）／動撮（动摄）／動仕（动画及上色）／同トレス（描线临摹）／同トレスブレ（描线临摹抖动效果）／同ポ（同位）／特効（特效）／止め（静止）／トレス（描线）／トレス台/トレース台（透写台）／トンボ（十字标记）

中1（中1）／中一（隔日交付）／中O.L（中O.L）／長セル（长图纸）／中ゼリフ（动作中台词）／中なし（无中间张）／中なし（当日交付）／中割（中间张）／波ガラス（波纹）／なめ（局部遮挡）／なめカゲ（局部遮挡阴影）／なりゆき作画（顺延动作作画）／二原（二原）／入射光（入射光）／ヌキ（×印）［留空（×标记）］／盗む（盗位）／ヌリばれ（涂色缺失）／塗り分け（涂色区分）／ネガポジ反転（反色）／納品拒否（拒绝收件）／残し（延迟）／ノーマル（普通色）／ノンモン（无调制）

背景（背景）／背景合わせ（背景色彩匹配）／背景打ち（背景会议）／背景原図（背景原图）／ハイコン（高对比度）／背動（背动）／パイロットフィルム（动画样片）／パカ（画面闪烁）／箱書き（分节摘要）／バストショット（近景）／パース（透视）／パースマッピング（透视映射）／パタパタ（啪嗒啪嗒）／発注伝票（委托记录单）／ハーモニー（色彩调和处理）／パラ/パラマルチ（有色滤镜叠加）／張り込み（埋伏）／番宣（动画宣传）／ハンドカメラ効果（手持摄影效果）／ピーカン（湛蓝）／光感（光感）／美監（美监）／引き（拉动平移）／引き上げ（回收）／引き写し（复写）／引きスピード（拉动速度）／被写界深度（景深）／美術打ち（美术会议）／美術設定（美术设定）／美術ボード（美术样板）／美設（美设）／秒なり（动作顺延）／ピン送り（焦点转移）／ピンホール透過光（针孔透射光）／フェアリング（缓动缓停）／フェードイン／フェードアウト（淡入/淡出）／フォーカス（焦点）／フォーカス・アウト／フォーカス・イン（失焦/聚焦）／フォーマット（Format）／フォーマット表

附录   219

第1章

动画是这样
制成的

动画制作：从启动到完工

动画是电影行业的一个分支，制作动画与制作电影的过程非常相似，各种工序和相应的专业人士都不可或缺。下面我们就一起看看制作动画的基本流程吧。

● 制作流程

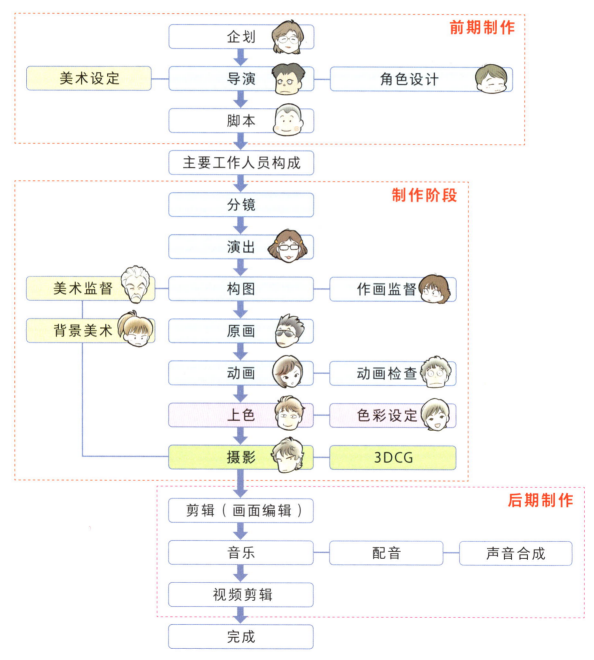

前期制作

企划

美术设定　→　导演　→　角色设计

脚本

主要工作人员构成

制作阶段

分镜

演出

美术监督　→　构图　→　作画监督

背景美术　→　原画

动画　→　动画检查

上色　→　色彩设定

摄影　→　3DCG

后期制作

剪辑（画面编辑）

音乐　→　配音　→　声音合成

视频剪辑

完成

制作成员

负责后续的业务拓展。 我来制订企划案，并 — 制片人

我负责写脚本、处理分镜什么的。 — 导演

我用文字处理软件写作。 — 脚本师

许多多的角色。 我负责创作出许 — 角色设计

我负责动画的画面和动态。 — 作画监督

把街道设计成南国风吧。 — 美术监督

配合导演提出的方案，负责每一集动画的演出。 — 各集演出

要让动作帅翻天！ — 原画师

人，责任重大！ 后一关的把关 我是作画工程最 — 动画检查

我会努力的！ 动画师的工作很有趣。 — 动画师

我负责绘制风景和室内场景。 — 背景美术

色的配色。 我负责决定角 — 色彩设定

角色上色。 我用计算机给 — 上色

进行画面构图。 我通过After Effects — 摄影师

制作部门

【制作】

制作流程正常进行。 我负责沟通联络，保障 — 制片

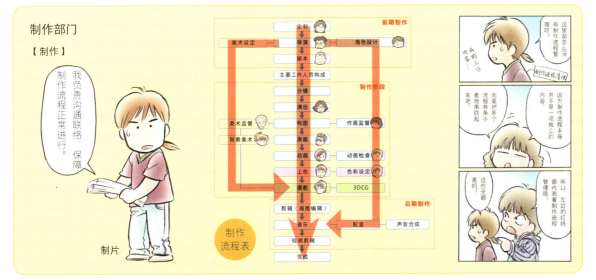

制作流程表

各部门的工作

1 企划

（1）制订企划案

· 作品的诞生，从制订企划案开始。

· 实际上，大多数企划案都由负责制作动画的制作公司提出。

· 导演和动画师也可以提出自己的企划案。

· 电视台、杂志社和游戏公司等机构也会不时提出各自的企划案。

● 提出企划案的有：

制作公司、电视台、游戏公司、导演、动画师、杂志社……
配合4月和10月的新番更新时期[1]提出新番的企划案。

（2）撰写企划案

企划案的篇幅通常在20页左右。也有50页之多、翔实而细致入微的企划案，不过要仔细读完它们可不容易。

企划案要强调哪些诉求点呢？

该怎么提高收视率或播放量！
收视率或播放量高了，各种各样的商业机会也就来了。

这好像跟作品本身关系不大……

[1] 日本的春、秋季番分别于4月和10月播出。由于开学时间分别是4月、10月，这段时期的收视率也较为稳定。——译者注

2 导演 / 脚本

导演

导演负责指挥作品的制作过程

作品的企划案一旦通过，第一要务就是选出导演担任总指挥。不同的导演会使作品呈现出迥异的风格。因此，如果产生了"我想把作品做成这种风格"的想法，那么至关重要的就是按照明确的方向选择合适的人选，而决定导演人选的则是制片人。

脚本师

脚本师并不能天马行空地撰写脚本，而是需要遵循脚本会议上拟定的大方向，按需撰写。导演会向数名脚本师传达统一的世界观，并为最终的脚本负责。

● 写作的规定

通过阅读脚本来了解整个故事可谓至关重要。与小说一样，脚本没有约定俗成的写作规范（有机会的话，可以找真人电影导演的剧本来看看）。

不过，现在的脚本常常使用20字×40行这种单张800字的稿纸，手写时代的脚本原稿通常使用20字×10行这种单张200字的稿纸。如今的800字稿纸承袭了老稿纸的样式。

这种单张200字的原稿纸，在过去每页被称为"1张"。

正文内容仅由间接的情景说明和台词构成，几乎不会出现小说中那样的状况描写或心理描写。可以说，脚本中的精华全在台词上。

时长30分钟的动画脚本有18页左右吧。

这就是1页。

▲ A4稿纸

封面不包含在内。

1页＝20字×40行

3 角色设计 | 美术设定

角色设计

角色设计师的人选有时可能先于导演确定。如果是原创动画或改编自小说的动画，那么角色设计图的绘制就会先于企划案的拟写。

此外，也有在企划案阶段就确定导演人选的情况。

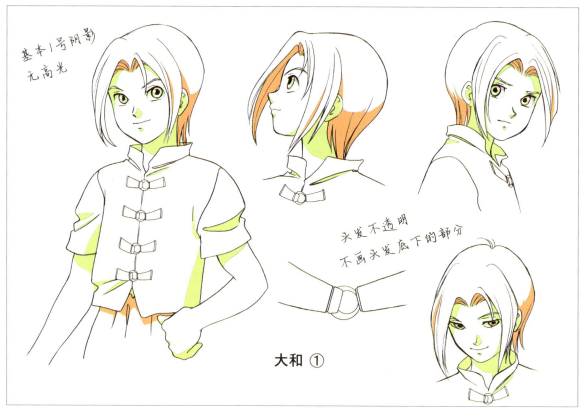

基本1号阴影
元高光

头发不透明
不画头发底下的部分

大和 ①

● 角色设定

以角色原案为基础，调整细节，进行清稿。

上面标注了动画师作画时的注意事项。

美术设定　美术设定指作品展开的舞台，包括风景、居住环境等的设定。作品的世界观也孕育于此。

4　主要工作人员构成

脚本师委任完成后，就要开始选定主要工作人员了。这是决定作品整体水平的关键步骤。

● 如何选定主要工作人员

作画与美术背景会直接影响画面的完成度，因此需要精挑细选相关人员。制片人会就此与导演进行商议，不过导演才是对作品负责的人，拥有实际的决定权。

如果在这个时间点已经选好了作画监督，那么往往由作画监督来指定作画成员。因为同为动画师的作画监督必然最了解全体成员的实力。

● 主要工作人员有哪些

主要工作人员一般包括导演、演出、角色设计师、作画监督、美术监督、摄影监督、色彩设定等。

由于音乐和剪辑人员相对有限，因此往往由制作公司决定。

这个阶段也会确定配音演员的人选。有决定权的人是导演、制片人和音响监督。

5 | 分镜 | 演出

分镜中包括台词、音效、构图、运镜、效果、音乐等几乎所有涉及画面构成的信息，堪称写满情报的动画设计图。

说作品的成败取决于分镜品质毫不为过。导演也会将心血悉数倾注到分镜工作中。而参与制作的全体工作人员都要一边查阅分镜，一边完成自己的工作。

演出要决定需要的演技与表现，考虑画面呈现的效果，参与作品整体构成的工作。

NO. _____

镜头	画面	内容	台词	秒数
468		向地面搜寻 ②	大和 "好像就在这附近。" SE（远处传来）轰——！	
		大和转过头 少许追踪PAN		3+0
469		a.c 少许追踪PAN的感觉		
	469	望向声音传来的方向	大和 "爆炸声？"	2+0
470		大尉赶来	大尉 "大和！" 大和 "啊，你也听到刚才的声音了？"	3+12
				(8+12)

6　构图

根据分镜绘制画面设计图。在展现画面氛围的同时，必须预先计算好角色的移动范围，以及确定之后的运镜计划等。如果计算不够精确，后续就会出现诸多问题。

构图中包括故事发生的舞台，即精细绘制的背景图，因此构图本身也起着背景原图的作用。构图可谓集大成的重点工程，难度颇高，对动画师的综合能力有着极高的要求。

c-469

夏威夷风格的岛　晴朗

7　原画

刻画出动作与表演关键节点的图片。

原画以构图为基础。由于构图时已大体计算过角色的移动范围，确定了表演内容等要素，因此创作原画时需要在遵循构图方向的前提下，根据实际情况进行微调，以绘制出更为精细的画稿。

8 动画

根据原画师的指示追加画稿，让画面动起来后更显流畅。

由于最终展现的是动画，因此此环节要求进行细致入微的清稿工作。

（关于原画与动画，
请参考第2章的文字
说明与示意图。）

9 上色

色彩设定

决定角色的配色方案。
将图示中的配色表整理
成电子版，发送给负责
上色的工作人员。

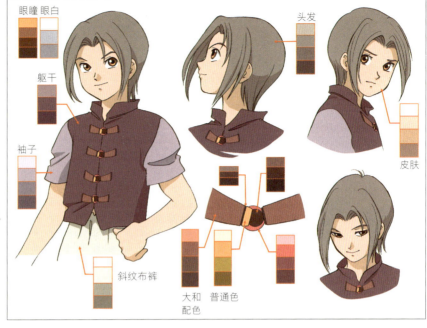

眼瞳　眼白

头发

躯干

袖子

皮肤

斜纹布裤

大和
配色

普通色

二值化

扫描动画线稿，将线稿转换为体现不
出铅笔浓淡的电子文档。

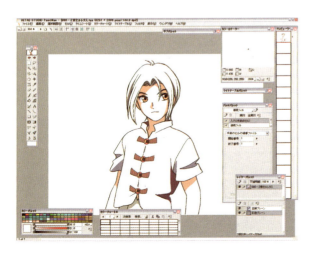

着色

使用RETAS STUDIO着色。

10 背景 / 摄影

背景

根据背景原图绘制，主要使用Photoshop。

摄影

用计算机软件对画面进行组合。根据构图，将背景素材和上色后的素材进行组合。

① 准备素材

素材1 赛璐珞/图层

素材2 背景

构图

② 将素材进行组合

粗摄影（将不同素材直接进行叠加）

③ 添加摄影效果

滤镜效果-1 光感

滤镜效果-2 空气感

处理前的效果　　　　处理后的效果

④ 完成画面

添加摄影效果后的成稿

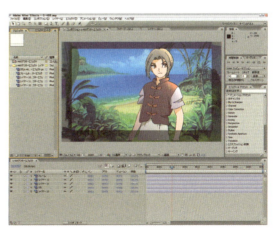

After Effects的界面

后期制作

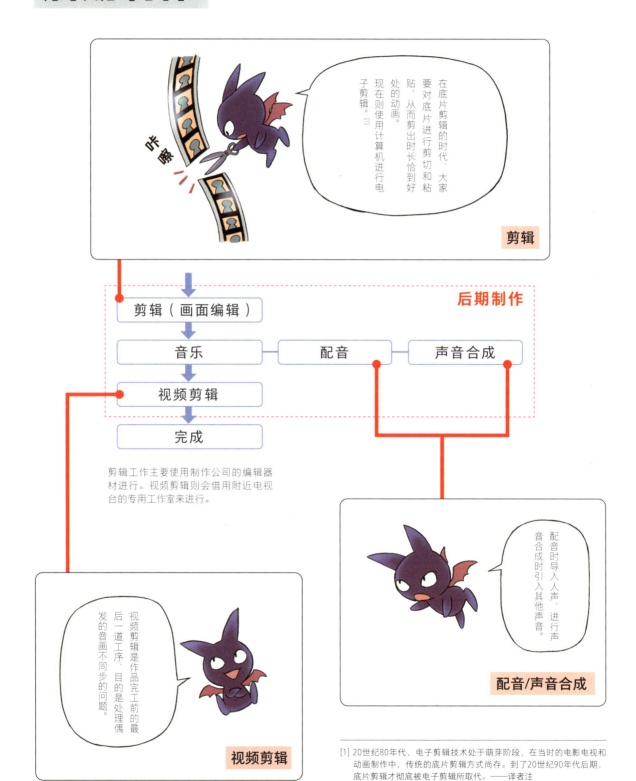

剪辑工作主要使用制作公司的编辑器材进行。视频剪辑则会借用附近电视台的专用工作室来进行。

[1] 20世纪80年代，电子剪辑技术处于萌芽阶段，在当时的电影电视和动画制作中，传统的底片剪辑方式尚存。到了20世纪90年代后期，底片剪辑才彻底被电子剪辑所取代。——译者注

第2章

动画企划案
的诞生

这就是动画企划案

TV版动画企划案

银河联邦军地球支部游击队笔记

友邻的生活大冒险

2020年3月 Graphic出版社

-1-

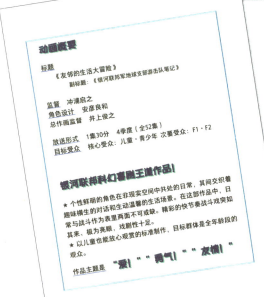

动画概要

标题
《友邻的生活大冒险》
副标题：《银河联邦军地球支部游击队笔记》

监督　冲浦启之
角色设计　安彦良和
总作画监督　井上俊之

放送形式　1集30分　4季度（全52集）
目标受众　核心受众：儿童·青少年　次要受众：F1·F2

银河联邦科幻冒险王道作品！

★ 个性鲜明的角色在非现实空间中共处的日常，其间交织着趣味横生的对话和生动温馨的生活场景。在这部作品中，日常与战斗作为表里两面不可或缺。精彩的快节奏战斗戏突如其来、极为亮眼，戏剧性十足。
★ 以儿童也能放心观赏的标准制作，目标群体是全年龄段的观众。

作品主题是　"爱！""勇气！""友情！"

-2-

角色介绍

大和（地球人）
主角。17岁的少年。外表如女孩子般可爱，其实是个破坏王。虽然日常生活并不会有大问题，但在特殊情况下十分不稳定。时常对上级展露出反抗的态度。

米凯（大尉）
地球外生命体。谦恭有礼、一丝不苟。但并不排斥与人为伴。其价值观与大和可谓水火不容。

少佐（小动物）
谜团重重的生物。几乎是不死之身，平常总是毫无防备地倒头呼呼大睡。面对突发状况时，会像突然被打开开关一样迅速行动起来。

-3-

动画概要

标题

《友邻的生活大冒险》

　　副标题：《银河联邦军地球支部游击队笔记》

监督　冲浦启之

角色设计　安彦良和

总作画监督　井上俊之

放送形式　1集30分 4季度（全52集）

目标受众　核心受众：儿童·青少年 次要受众：F1·F2

银河联邦科幻喜剧王道作品！

★ 个性鲜明的角色在非现实空间中共处的日常，其间交织着趣味横生的对话和生动温馨的生活场景。在这部作品中，日常与战斗作为表里两面不可或缺。精彩的快节奏战斗戏突如其来、极为亮眼，戏剧性十足。

★ 以儿童也能放心观赏的标准制作，目标群体是全年龄段的观众。

作品主题是　"爱！" "勇气！" "友情！"

一般来讲，在取得导演本人同意的情况下，才会将其姓名写在企划案上。不过，大部分企划案都无法通过，现在列举的成员最终也未必能够参与。因此，像这样呈现出理想的豪华阵容也不足为奇

预想受众。"儿童·青少年""F1·F2"是根据收视率调查情况进行的受众分组

内容说明活力充沛，但意义不明。这种情况也不足为奇

就算是无厘头的恶搞动画，也少不了"爱"与"勇气"这种大众主题

※关于制作成员

努力做好每一件小事，尽可能提高企划案被采纳的可能性是当务之急。不过，如果制作成员表里写满了专门参与大制作的顶级创作者们，难免让人担心这部作品要花多大一笔巨款，遭到"企划案本身倒是蛮好的，但我们恐怕无力支持"这样的婉拒也不无可能，所以企划案应尽量多考虑实际情况。

关于目标受众

核心受众：儿童·青少年。

次要受众：F1·F2。

根据收视率调查情况区分受众群体。

C层：4～12岁的男女（C是英文Child的首字母，指"儿童"）。

T层：13～19岁的男女（T是英文Teenager的首字母，指"青少年"）。

F1层：20～34岁的女性（F是英文Female的首字母，指"女性"）。

F2层：35～49岁的女性。

F3层：50岁以上的女性。

M1层：20～34岁的男性（M是英文Male的首字母，指"男性"）。

M2层：35～49岁的男性。

M3层：50岁以上的男性。

角色设计：从孕育到成型

角色设计委托

在作品的企划阶段或决定制作并确定导演人选的阶段，就会委托设计师进行角色设计。对于动画制作来说，可以认为角色设计师就是动画师。

关于角色设计委托的种种

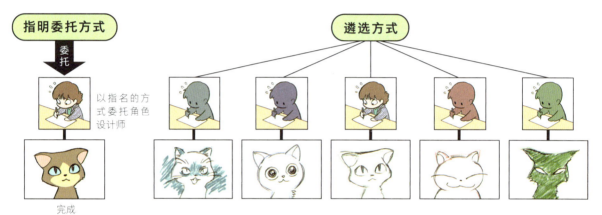

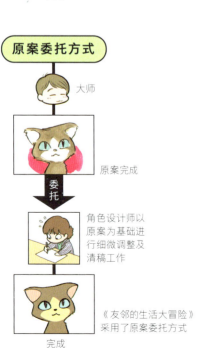

委托多名动画师进行角色的印象设计，从中选用风格与设想形象最为接近的。这种方式下未必会采用画功最出色的动画师

角色设计人选的确定有可能先于导演的确定。如果是原创动画或改编自小说的动画，就有必要在提出企划案的阶段提供角色设计图。

● 动画的角色设定

·动画的角色设定表不仅能够以图画的形式展现氛围，还能让角色的形象和气质更易被理解。

·提供不同角度的展示效果，让观者能够根据设计图想象出角色的立体形象，这是一项基本要求。

·为了不过分增加制作负担，需要权衡制作效率，对角色细节进行必要的删减。

角色设计委托用 设定书

标题

《友邻的生活大冒险》

　　副标题：《银河联邦军地球支部游击队笔记》

【世界设定】

·地球、现代。

·主舞台是一座气候温和、舒适宜居的岛屿。岛屿与夏威夷岛的面积相当，岛中央也建有现代的建筑与街道。

·主角等人住在郊外的独栋建筑中，临近海边。这栋建筑看似是一座普普通通的南国住宅，由随处可见的天然材质建成，但它不为人知的真实身份是银河联邦军的地球支部基地。

·岛屿并非旅游景点，因此地广人稀。岛民总是悠哉游哉地在岛上闲逛，见到不属于地球的神奇生物也不会大惊小怪。岛民人种众多，多样性十足。

·由于气候宜人，岛民的服装多为长袖或半袖薄衫。岛上的湿度很低，因此多穿几件衣服也并不会感到热。

·动植物属南洋+温带系，比冲绳还要有南洋风情。

【故事】

·银河联邦军地球支部游击队这种常见设定。

·几乎没有严肃的剧情，大体为搞笑的设定。在这个世界中，成年人约为六头身。

·宁静祥和的日常生活与银河联邦军激烈的战斗形成鲜明的对比。

【角色】

◆ 大和 主角

·少年，17岁。

·外表如女孩子般可爱，其实是个破坏王。

·性格中有暴躁（搞笑）的一面，也有大脑放空的一面，以及故作乖巧的一面。

·东方人，留直发。虽然是东方人，但头发并非厚厚的黑发，而是细软的茶色头发（飘动时柔顺、服帖而有型）。

·发型自由。但由于绑成单马尾会影响睡觉时的舒适度，因此不梳这种发型。

·服饰是可爱系。身着使用天然材质制成的普通现代服装，但又彰显出几分时尚，洋溢着个人风格。通常着一件贴身衣物，偶尔也会套件外套。

·是主要使用力量型技能的超能力者。

◆ 米凯 大尉

·地球外生命体。不过从地球人的视角来看，其外形很容易让人联想到猫猫狗狗，亲和力十足。

·超能力者。聪慧机敏，风度翩翩，很有教养。然而发挥能力的机会极为有限。

·性格一丝不苟、温文尔雅。虽不讨厌与人为伴，本质上却喜爱独处的感觉。

·性情平稳、宽以待人……原本是这种人设，却因自己无法控制的外界因素（主角）做出了与原本心性截然不同的言行举止，成为根本不想成为的自己，因此开始自我怀疑。

·与主角的价值观水火不容，两人遇到问题时向来各执己见。好在世界观并不严肃，所以姑且能勉强相处。不过，但凡遇到"烤个松饼吃吧"这种利害关系一致的问题时，永远能回归理智，与对方齐心协力。

◆ 少佐 小动物

·谜团重重的生物。基本不怎么出声，对外界事物也没什么反应。仔细盯着它看的话能观察到极为细微的表情变化。

·有时看起来像小型犬。

·只跟主角吃一模一样的食物。

·夜晚或安然入睡，或销声匿迹，或在黑暗中久久地凝视着什么。主角和大尉都知道 些关于这只小动物身份的真相，但向来避而不谈。

·游击队的指挥官。

角色的诞生

《友邻的生活大冒险》的角色采用了原案委托方式。

委托原案角色设定

大概就是这样的角色。

所以可以把大尉想象成狗狗的形象吗？

倒也不尽然……

但蜥蜴总归是不行的吧？

跟蜥蜴比起来还是狗狗更贴切呢。

没有示意图吗？

失礼了……未免太考，拿别人的画给您做参

怎么会？

我不介意的。

目前有这样的示意图……

……

这不是正中红心嘛！

不用自己画喽

这就知道您会这么说

【角色笔记】（神村幸子）

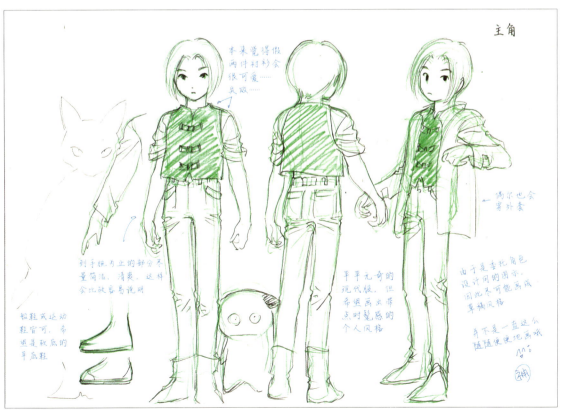

主角

本来觉得做
两件衬衫会
很可爱……
失败……

到手腕为止的部分尽
量简洁、清爽，这样
会比较容易说明

鞋鞋或运动
鞋皆可，希
望是秋瓜的
草瓜鞋

平平无奇的
现代眼，但
希望画出带
点时髦感的
个人风格

偶尔也会
穿外套

由于是委托角色
设计师的图示，
因此尽可能画成
草稿风格

并不是一直这么
随随便便地画啦

主角的搭档

戴上护目镜会更容易画？

通过衣服来展示飘动状，因此设计成大摆的外套

神

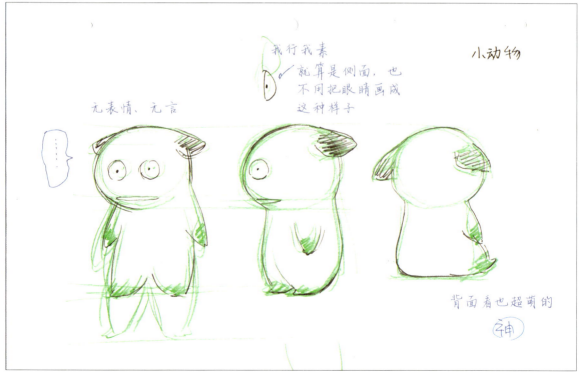

我行我素

就算是侧面，也不用把眼睛画成这种样子

小动物

无表情、无言

……

背面看也超萌的

神

从这样

变成这样

角色原案完成

软乎乎的，超级可爱~

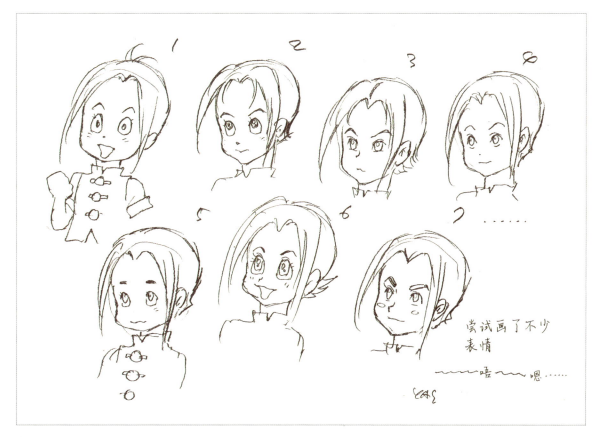

尝试画了不少表情

唔　　嗯……

【角色原案】
（安彦良和）

另外，
③ 大概是这种
感觉······

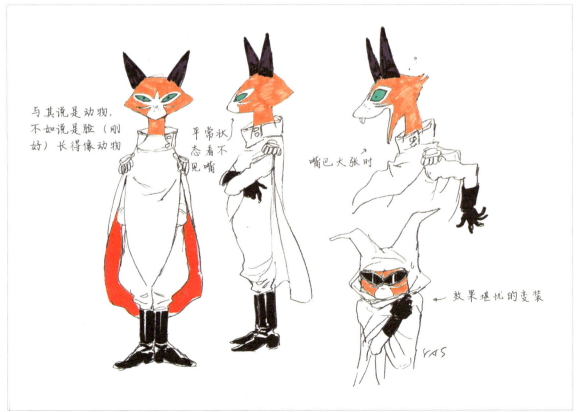

与其说是动物，
不如说是脸（刚
好）长得像动物

平常状态看不见嘴

嘴巴大张时

效果堪忧的变装

● 角色设计师的创意

角色设计师都是专业画师，基本会遵循委托制作的内容画出指定的
角色。

不过，在绘制的过程中，有时角色会偏离初始设定，呈现出各种各样
的言行举止。仿佛是角色自身被赋予了生命，开始恣意地跃然纸上。
这样的作品往往饱含了设计师大量的心血，感染力十足。

在这种情况下，有可能会追加制作设计图中的场景，更有甚者还可能
根据设计图呈现的角色风格而改变其原设性格。

从原案到配色制定

印象草图	角色原案	角色设定

大和

米凯

少佐

色彩设定

黑眼珠　眼白

躯干

袖子

头发

皮肤

斜纹布裤

大和配色　普通色

眼睛　耳朵

牙齿

鞋尖

耳朵和尾巴　眼白　口腔

作画用的角色设定

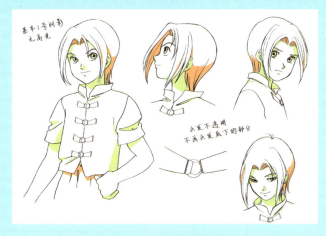

基本1号阴影
元高光

头发不透明
不画头发底下的部分

以线稿勾勒尖
面部的上色分区

耳朵和尾巴的分界
部分在上色时进行
模糊处理

往往闭着眼

勾勒阴影OK

角色会议

在角色会议上，与会者会从自身的立场来发表不同见解。每个人的出发点和想法都没有错，然而负责整合全体意见的导演，以及要实际动手绘制的角色设计师在面对五花八门的意见时往往会陷入混乱。

对于配角，大家通常会异口同声地说"这样就不错""嗯，挺好的"，愉快地做出一致决定；然而要达成对主要角色（特别是对主角）的共识，恐怕要费上一番功夫。

什么是角色会议

● 这是决定角色设计之前，唯一一场全体相关人员悉数列席、共同商讨的会议。

● 之所以是唯一一场，是因为动画制作一旦启动，就没有时间和机会召集全员共同商讨了。此后，角色塑造的重任基本由导演来担。

● 在全员聚在一起开角色会议之前，角色设计师需要提交角色设计草图以供参考，这是会议召开的大前提。

● 全员需要阅读脚本，对角色产生基本印象。不过，除动画师之外，其他人都无法将想象中的角色具象化。因此当大家看到角色设计草图后，难免会提出"这种感觉不对吧""那里跟想象中的截然不同"这种反对意见。

● 与会者会纷纷提出"我觉得这里有问题"的反对声。不过众口难调，无论如何都不可能创作出满足所有人口味的角色。

● 因此，导演需要提前整合意见并传达给角色设计师，不然角色设计师面对突如其来的"狂风暴雨"可是会崩溃的。

通常的角色会议

● 制片人

制作公司的制片人，是遴选主创成员的人物。按理说，角色设计师本身就是为了配合作品大方向而精挑细选出来的，因此基本不会出现角色设计师与制作人对角色的印象产生过大出入的情形。

制片人在会议上提出的主要是与动画制作相关的问题，比如"这件衣服画起来太麻烦了，可以画得更简单点吗"或者"这里的配件不太好理解，也许多画张分解图会更好"这种临场意见。

● 导演

在动画情节不断发展的过程中，导演脑海中必须始终有清晰、明确的角色形象，甚至可以说如果弄不清楚这一点，导演的工作便无以为继。因此，在角色会议上，导演是实际的决策者。

其他与会者未必会从整个世界观的角度考虑问题，因此甚至可能提出"让萌系少女出现在日本民间故事里吧"这种天马行空的想法。这时，以"绝无可能"来坚定地拒绝类似想法、守护作品，正是导演的职责所在。

会后，导演会跟角色设计师进行细致入微的探讨。因此导演在这场会议中的职责有点像整理者和归纳者。

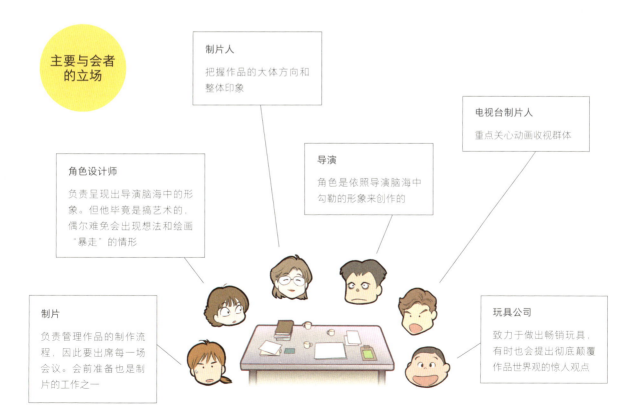

主要与会者的立场

制片人
把握作品的大体方向和整体印象

电视台制片人
重点关心动画收视群体

角色设计师
负责呈现出导演脑海中的形象。但他毕竟是搞艺术的，偶尔难免会出现想法和绘画"暴走"的情形

导演
角色是依照导演脑海中勾勒的形象来创作的

制片
负责管理作品的制作流程，因此要出席每一场会议。会前准备也是制片的工作之一

玩具公司
致力于做出畅销玩具，有时也会提出彻底颠覆作品世界观的惊人观点

● 角色设计师

遇到"换成长发是什么感觉呀""下半身穿牛仔裤好像比迷你裙更适合"等临时的提议时，需要以秒为单位迅速出图。

将参会的角色设计师理解成埋头狂画的绘图机器也不为过，其虽然也有权表达自己的见解，不过真正的决策人是导演，因此不太会有人向角色设计师征询意见。对于角色设计师来说，这完全是一场坚信"导演会拒掉奇奇怪怪的提议"的同时，竭尽全力默默忍耐的会议。

不过，如果角色设计师提出一些与绘画相关的专业意见，还是会被采纳的。比如"要是动画中角色的发型一天一变，风格也大相径庭，观众就认不清谁是谁了，最好不要那么设计"。

● 电视台制片人

站在电视台的立场，电视台制片人优先考虑的是收视率。对于动画来说，为广大收视群体所接纳堪称重中之重，因此电视台制片人的意见断不可草率地对待。

与会成员中，很多人都抱着"尽到自己最大限度的努力就好，结果得听天由命，收视率不高也无可奈何"这样的想法。与会现场的工作人员也会思考还能做些什么，但大家往往以"好好制作动画"为核心目标，并向着这个目标砥砺前行，因此难免会认为动画做得好才是第一诉求，收视率随遇而安即可。

但电视台制片人可没法这么超脱。收视率不仅是他们的业绩，更决定了其未来的发展。收视率太差的话，他们可能会被上司喊去训话；相反，如果打造出人气作品，那么他们在台里自然面上有光，走路都能步步生风。

回到正题，电视台制片人会在角色会议上发表什么见解呢？他们一定会提出类似这样的建议——"让主角身边跟个小动物之类的吉祥物怎么样"，这便是基于只要取得孩子的欢心，收视率自然节节攀升的理论。如果动画作品本身刻画了一场荒野之旅，这种提议自然不在话下；但即便是校园动画，他们依然会提出同样的建议。就算连自己内心都会踌躇"好像不能这么做"，他们也要破釜沉舟地把意见表达出来。电视台制片人的职责与使命，便是为了收视率而用尽一切能想到的方法，因此纵然从角色设定的角度来看有些不合适，但从他们的立场来说，这样做也无可厚非。

从他们口中还能频频听到诸如此类的建议："女警可以穿上迷你裙吗？""自行车可不可以变形再合体呀？"

"干脆整合所有能想到的要素，设计成像皮卡丘那样会发电的小老鼠，还要让它像哆啦A梦一样能从腹部的口袋里掏出千奇百怪的神奇道具……好像哪里怪怪的？"——这么说的人也不是没有。

●玩具公司

有时玩具公司的人也会出席会议，这通常是因为玩具公司起初就是动画的赞助商之一。由于玩具公司和现场动画创作成员的立场截然不同，所以常会语出惊人。

比如，"做长发人形手办的话材料成本会增加"这种意见就是从玩具公司的立场提出的。虽然他们并不会对作品吹毛求疵，也不会强硬行事，但往往语惊四座。

他们也可能提出"女主角能不能始终佩戴着醒目的大吊坠"这种提议。吊坠是魔法少女会用到的道具，放进电池就会闪闪发光。即便这是一部需要女主角身着战斗服酣战到黎明的作品，也丝毫不会浇灭他们的热情之火。甚至当导演为难地道出"这似乎太过勉强了……"时，不知放弃为何物的他们也会越挫越勇，立马调整思路："那星星胸针如何？一挥舞就会发出声音的魔法棒也不错呀！"

像这样，角色会议汇聚了立场各异的人员。全员绞尽脑汁，携手并进，力争打造出观众乐于接受的人气角色。

制片负责行政事务，如果不被问询则不会发表意见。

角色会议的盛景

分镜展示

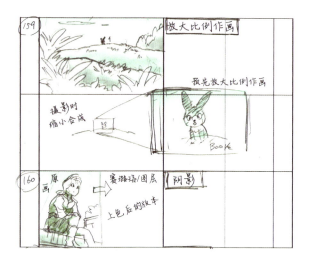

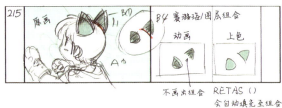

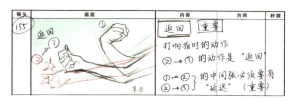

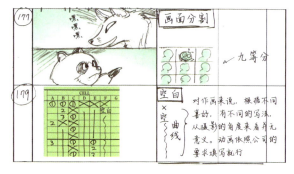

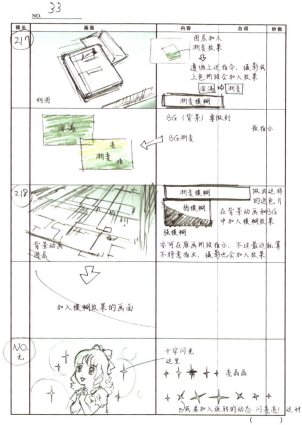

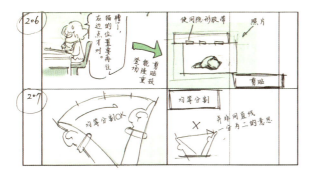

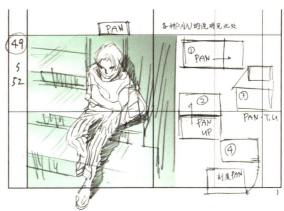

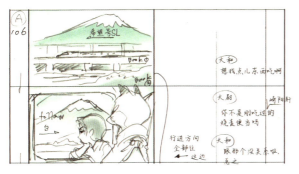

NO. 9

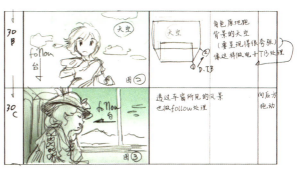

NO. 12

NO. 26

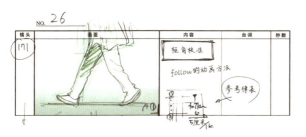

NO. 37

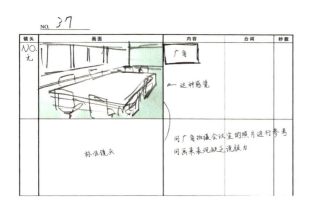

NO. 42

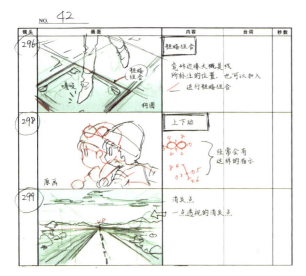

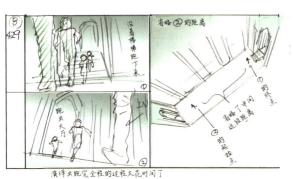

NO. 38

NO. 49

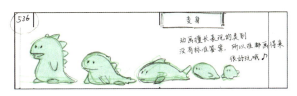

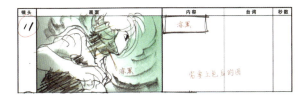

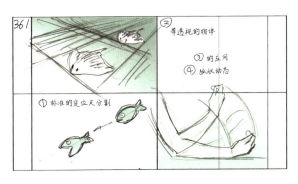

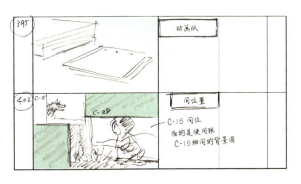

NO. 45

镜头	画面	内容	台词	秒数
353	←镜头是固定的	移动摄影台	在胶片制作年代，视像字面意义一样，真的需要移动摄影台台	

345		全阴影	全阴影	

NO. 67

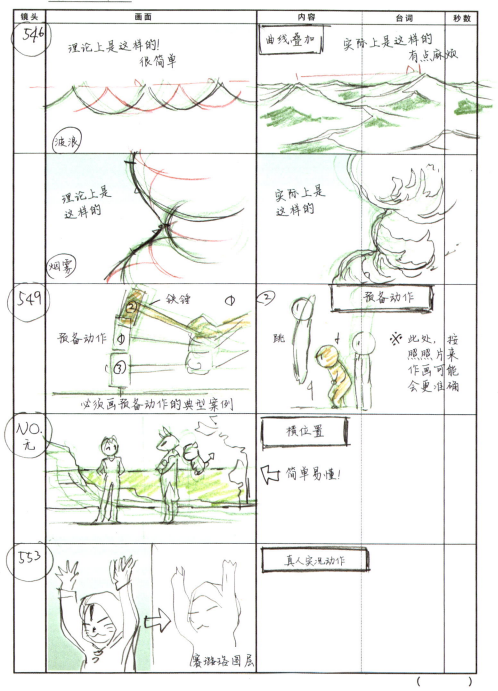

镜头	画面	内容	台词	秒数
546	理论上是这样的! 很简单 （波浪）	曲线叠加	实际上是这样的 有点麻烦	
	理论上是这样的 （烟雾）		实际上是这样的	
549	预备动作 铁锤 必须画预备动作的典型案例	② 跳	预备动作 ※此处，按照照片来作画可能会更准确	
NO.元		横位置 ←简单易懂!		
553	景游珞图层	真人实况动作		

( )

第 3 章

动画制片的工作纪实

制片

参与完整制作流程的无冕英雄

● 制片七道具

分镜

对制片来说，分镜是作品最基本的设计图。要把所有相关事项事无巨细地写进分镜里

捷径情报

大脑里装满了各种交通捷径的信息。虽然制片的车子配有卫星导航，不过导航系统比起制片老师的最强大脑来说实在是相形见绌。

最重要的是强健的身体和坚韧的精神

镜头素材袋

装着速食

胶带

用于加固镜头素材袋和打包物件

5 Studio

笔记本电脑

笔记本电脑里的软件为公司所有。

· Photoshop：管理美术设定、角色设定等的软件。

· Excel：管理镜头计划表、时间表的必备软件。

· RETAS STUDIO：检查上色资料时使用。

智能手机

不要忘了充电器！

驾照

重中之重！没有驾照根本不可能被录用为制片。

车钥匙

制片并非专人配专车。因此刚刚说完"我马上来找您"并挂掉电话，随即发现集中放车钥匙的地方已空空如也也不足为奇。

名片

制片是商务型职业，需时常随身携带名片。

长长的头发

时不时能看到把头发扎起来的制片老师，这已然不足为奇，这纯粹是因为去理发店太麻烦了而已。另外，由于对着装和打扮风格不作要求，因此也能见到金发或重金属风格的制片老师。

镜头计划表

超级重要！这张表可以让人一眼就看出各项工作的进程。表上的事项如果没能按照计划进行，会令人寝食难安。它与时间表是好搭档。

洗浴套装

住在公司时，洗脸盆、洗发露等洗漱用品是必备品。

睡袋

不管从前多么养尊处优，一旦成为制片，就不得不像银河帝国军的罗严塔尔[1]将军一样去睡冷冰冰的地板。要是睡公司地板的话，就铺点硬纸板吧。

复印机

没有复印机，工作便无从下手。复印设定、设定、还是设定……总之每天都要复印海量的文件。

委托记录单

记录将哪些Cut交给哪些人的凭证。

公寓的水电及煤气费

到了背水一战的关键时期，在公司出勤+外勤会占用大量时间，自家几乎不会产生多少水电和煤气费。

定位纸条

复印原图时的必备品。制作部门会放一整箱。

制片的车

当然是公司的车

制作部门的职业路径大概是这样的。

社长
↑
制片人
企划　制片主管　商务
设定制作
制片

---

[1]《银河英雄传说》中帝国方的奥斯卡·冯·罗严塔尔，与沃尔夫冈·米达麦亚并称为"帝国双璧"。其"金银妖瞳"被视为母亲对父亲不忠的证据，是一名童年经历复杂，拥有极高军事才能，备受争议又极具魅力的角色。——译者注

制作开始

TV动画制作开始

掌握制作的整体日程

因为TV动画系列每周播映，作品也必须以一周一集的频率来制作。

接下来要忙起来了！

动画的制作工序繁复，打造一集作品大约要花上两个月的时间。因此，制作作品时会将成员分为5～7组，以一周左右的时间差来分别推进工作。这样下来，每个月就能制作出4～5集成品。

● 《友邻的生活大冒险》制作时间表

	4/6~	4/13~	4/20~	4/27~	5/4~	5/11~	5/18~	5/25~	6/1~	6/8~	6/15~	6/22~
第1集	公司A组 作画会议				演出	作监完毕	上色	摄影				
第2集		自由组 作画会议				演出	作监完毕	上色	摄影			
第3集			公司B组 作画会议				演出	作监完毕	上色	摄影		
第4集				与干巴Studio 作画会议				演出	作监完毕	上色	摄影	
第5集					与Red Production 作画会议				演出	作监完毕	上色	摄影

作品一旦启动，每天都有开不完的会

安排会议日程也是制片的工作

会议	参会人员
脚本会议	导演、制作人、电视台、脚本师、制片
分镜会议	导演、各集演出、制片
角色会议	导演、角色设计师、制片
背景会议	导演、美术监督、制片
作画会议	导演、作画监督、原画师、制片
色彩会议	导演、角色设计师、色彩设定、制片
3D CG · 摄影会议	导演、3D CG 摄影监督、制片

角色会议

一旦制作启动，每一集出现的角色都诞生于此。

导演　　　角色设计师

制片

每场TV动画的角色会议会决定3～4集的角色。导演会传达各集主要客串角色[1]的形象，由角色设计师来绘制草图。

一个星期以后就是草图的截稿日了。

● 向导演提交草图

角色设定在草图阶段就要提交导演送审。如果导演回复"OK"，就可以进行清稿，完成角色设定了。

导演也可能一轮又一轮地提出修改意见，有时甚至要改上十来遍。

[1] 与配角不同，是通常只出现在某一集的角色。比如《名侦探柯南》中的嫌犯或凶手。——译者注

● 制作公司各部门配置

5层　　社长室　电梯　资料室　会议室　秘书室　企划室

4层　　休息区域　电梯　主创人员工作室　自动贩卖机

3层　　作画　电梯　背景　上色

2层　　会议室　电梯　摄影 3D CG　制作　剪辑

1层　　试映室　电梯　总务仓库　会议室　大堂　总务经理　接待室

B1层　　停车场　电梯　仓库

49

● 导演的印象图

有的导演会自己绘制印象图来表达脑海中的形象。因为不管用多么丰富的辞藻去形容，其信息量都未必比得上一张简单明了的画。有了这张印象图，导演想设计的形象就变得非常明确了。缺点是可能会限制角色设计师的想象力和创造力。毕竟看到画作之后，就不太可能再创作出与之差异过大的形象。

导演就算本人是绘画大师，也有可能只通过语言描述，而不是通过作画来传达自己的想法。其原因正在于不想扼杀角色设计师的创造力。

导演的印象图

导演

角色设计师

成立

不成立

导演画出了这样的印象图

可能会画出这样的角色设计图

但完全不可能画出这样的

分镜会议

提出分镜，是委托分镜制作的会议。

从阐释作品的世界观开始，导演会向制作分镜的人员说明作品的具体要求，比如"这部作品要多用这种拍摄手法"。

演出会议

导演与各集演出召开的会议。

导演向各集演出进行说明的会议，会提出"这部作品要尽量演绎出这种感觉"之类的意见。

作画会议

与实际参与画面制作的原画师召开的会议。

原画师A　导演　各集演出　作画监督
原画师B
原画师C
制片

这是现场工作真正意义上的开端。作画会议没开完的话，现场工作便不会启动；作画会议结束，就意味着"撸起袖子加油干吧"。

此前，参与动画制作的人数尚少；此后，越来越多的工作人员将加入制作团队，越来越多的工程也将随即启动。

● 《友邻的生活大冒险》制作时间表

	4/6~	4/13~	4/20~	4/27~	5/4~	5/11~	5/18~	5/25~	6/1~	6/8~	6/15~	6/22~
第1集	公司A组 作画会议				演出	作监完毕	上色	摄影				
第2集		自由组 作画会议				演出	作监完毕	上色	摄影			
第3集			公司B组 作画会议				演出	作监完毕	上色	摄影		
第4集				与千巳Studio 作画会议				演出	作监完毕	上色	摄影	
第5集					与Red Production 作画会议				演出	作监完毕	上色	摄影

● 与实际制作画面的原画师召开会议

一部动画中的一集就大约要剪300个镜头，因此作画会议十分耗时。

会上，要从演出的角度逐一对每集动画中的300个镜头进行说明。原画师会事无巨细地提问，与参会人员共同商讨。这场会议意义非凡，要慢慢磨合，得花上2～3小时的时间。

脸上笑嘻嘻，心里在生气。

● 演出需要说明的事项

◆ 作品的故事展开。

◆ 登场人物的关系、性格。

◆ 场景或镜头中的季节、时间、状况、角色的位置关系。

◆ 镜头想呈现出什么。

◆ 登场人物的感情和演技⋯⋯

● 仅仅是"走路"这么简单的小事

作画监督和原画师会针对"走得快还是普通速度""步幅大概是多少""从哪里走到哪里"等问题进行大致的探讨。

在之后展开构图工作时，导演与作画监督再度进行讨论，并决定最终的移动距离。

作画开始

构图工作　　画面构成及设计。

作画会议结束后，原画师会开始设计构图。多数动画师都认为这个阶段决定了作品的整体技术水平。构图对综合能力的要求极高。

● 构图工作的必备能力

◆ 专业的绘画水平。

◆ 对透视有完美的理解，能画出优美的风景。

◆ 拥有在画面中设计演技和动态的能力。

◆ 理解影像的原理和摄影的处理方法。

话虽如此，若像这样十项全能就不会那么辛苦了，具备这些能力对于一名职业生涯还不长的动画师来说着实不易。

再者，构图的绘制方式没有所谓的绝对正确。

以面部特写为例，构图中通常会把视线所及的方向留白，让画面显得不那么局促。不过，有时为了彰显压迫感，会特意把这部分空间填满，这时约定俗成的规则就被打破了。

为视线所及的方向留出足够的空间，使画面显得游刃有余

不过，某些情况下也能像这样处理来彰显压迫感

● 一目了然的构图

话虽如此，所有镜头中势必都有想向观众展示的内容……

想展示的东西
（作为推理线索的道具）

放在保证大家能看到的位置（尽量位于画面的正中）

引人注目的展示动作

放在角落里很难被看见呢

遵循这样的基本原则，起码能创作出简单易懂的画面。

把重点置于画面中心的理由在于，观众往往会盯着电视画面的中心看，很少会留意到屏幕的边边角角。
影像会随着时间的推移切到下一个画面，观众无法像阅读漫画一样翻回去重温上一页。因此，为了让观众不错过重要的部分，在构图中设置引人注目的动作是很有效的。

● 构图是复杂的技术

构图有方法和窍门，但也有凭感觉的时候，是一项非常复杂的技术。教透视技法不在话下，而教构图则可谓难如登天。

原画工作

赋予角色以表现力，让他们展现动态与生机。

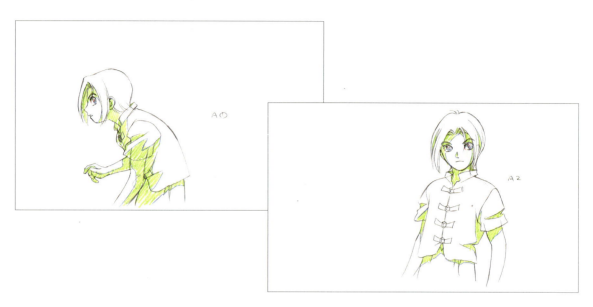

● 为何需要对镜作画

动画师的桌子上常常放着一面大镜子。而作画工作室的角落，通常还为他们准备了一面全身镜。

真实的动作是动态的基础，因此动画师会像演员练习演技一样，对着镜子做出各种各样的表情和动作。诚然，动画师的一举一动不可能像演员一样专业，但只要能做出需要的动作就足够了。如果看到一名动画师正对着镜子挥舞直尺，不用怀疑，他一定是在思索怎么描绘挥舞长剑或光剑的英武姿态。

动画

完成出现在画面中的图画。

在原画与原画之间画出让动作行云流水的中间画面，用优美而流畅的线条进行清稿。

● 动画师即演员

优秀的动画师会一致认同"演技是重中之重"。

对于一名动画师来说，绘图和绘制动态只是基本要求。真正的动画师皆有鸿鹄之志，剑指演技。

诚然，让角色按照心中所想一般恣意展现演技需要不俗的绘画功底。

听听迪士尼的动画监督（Supervising Animator）怎么说

① 您最想教给动画师的是什么呢？

② 可以的话，希望部下不需要我来教。……

③ 不过，演技方面还是希望他们能费点心学习。展现出某个特定角色需要发挥的演技。

④ 大师果然都这么说呢。

⑤ 毕竟画画和动态都太简单了。你说是吧？觉得一点也不简单的人

动画监督大致对应日本动画行业中的总作画监督。

作画流程的检查机制

作画部门要对构图、原画、动画这3道工序进行检查。如果没通过检查，就要现场改到通过为止。

● **作画的检查流程**

（1）演出检查
（2）作监检查
（3）动画检查

（1）演出检查　　决定了角色的演技。

这道工序旨在检查某个角色的演技是否符合人设、场景、镜头需求。

"虽然他生气了，不过并没有表现在脸上哦"，像这样的指示是十分关键的。

● 演出的要求

如果演出提出"表情还差点意思"，原画师就要返工重画。不过，要是用"跟想象中稍微有那么一点点差距"这种含糊不清的表述来说明，就难免会引起误解。

直接跟原画师说"画成这种感觉吧"之后，即便原画师频频点头，回应"明白了，明白了"，回炉重造的内容依然可能偏离需求。

● 作画监督的解读能力

演出不一定能将心中的要求诉诸文字并传达给原画师，因此可能会画张画来表达"请画成这种感觉"的要求。如果演出本身具备作画监督的绘图水平，自然皆大欢喜；但如果演出不擅长作画，他人很难看出"这种感觉"想传达的是哪种感觉。

然而，作画监督的解读能力非比寻常，甚至能理解演出各种奇奇怪怪的指示，将它们转化成图画。作画监督与演出是长期并肩作战的战友，因此单凭经验，作画监督也能心有灵犀地察觉到演出的诉求。

（2）作监检查　除演技外，也要对画面和动态负责。

作画监督的工作用"埋头苦画"来形容再贴切不过。在所有以绘画为工作主要内容的动画师中，作为首席动画师的作画监督一旦被逼入绝境，可以不眠不休地伏案绘画达48小时之久（虽然画完后估计会筋疲力尽）。

画画这种工作异常单纯，可以理解为"消耗的时间=完成的工作量"。工作8小时，结果就是完成了8小时的工作量，分毫不差。至于"花上一小时去做完一整天的工作量"，这种事纯属天方夜谭。在工作台前耕耘多久，就能有多少收获。

① 先从镜头素材袋里取出原画，对照分镜翻阅检查。大概要花15秒。

② 如果镜头素材袋里装着演出的字条，比如"这里大和要穿好上衣"，赶紧掏出来看几眼。大概要花30秒。

③ 双眼紧盯律表，右手执铅笔，左手握橡皮（左撇子则相反），仔细检查演技、动态、台词的位置是否无误。用秒表进行计算，完善律表的内容，同时思索每一张画最好的修改方式。

④ 计算完毕后，就要开始画了！在旁人看来仿佛在没有思考般地超高速绘制着，实际上大脑正在飞速运转。

● 作画监督的无形飞影手

作画监督的绘画速度无与伦比，说成飞一般也不夸张。若论快速绘画的秘诀，那便是提高手速了。我们深切地明白"画画的速度=画线条的速度"，而新动画师和业余爱好者未接受过快速绘制的训练，因此较难理解这一点，还想着"是不是有什么快速提升作画速度的秘诀"。其实这和"立刻提升绘画功底"的捷径一样，都是不存在的。快从不切实际的梦里醒来吧。

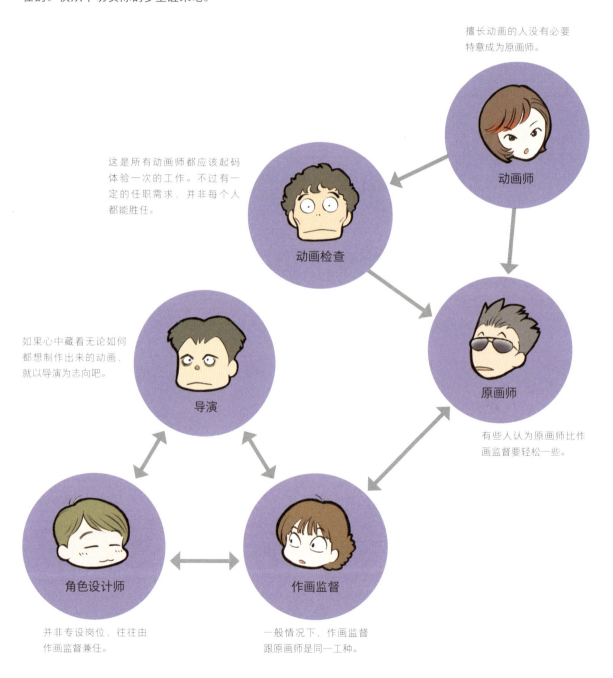

擅长动画的人没有必要特意成为原画师。

这是所有动画师都应该起码体验一次的工作。不过有一定的任职需求，并非每个人都能胜任。

动画师

动画检查

如果心中藏着无论如何都想制作出来的动画，就以导演为志向吧。

导演

原画师

有些人认为原画师比作画监督要轻松一些。

角色设计师

作画监督

并非专设岗位，往往由作画监督兼任。

一般情况下，作画监督跟原画师是同一工种。

作画监督的职责

◆ 作为作品的首席动画师，对职责范围内多集动画的作画水准负责。

◆ 检查动态、演技、透视、构图等。

◆ 重新绘制表现效果不佳的画面。

◆ 对于优秀的原画，要锦上添花。也就是原画本身有80分水准的话，要补足剩下的20分，将画面提高到满分100分（大冢康生老师语）。

◆ 对于不符合标准的原画，要重新绘制到起码符合标准的水平。

◆ 统一角色的形象。

◆ 作为作画部门的首席动画师，多多关照后辈。

（3）动画检查　　作画流程的最后一关。

动画检查是一道分水岭。作品一旦通过检查，便要步入下一道工序——上色了，因此动画检查不容有失。

开展动画检查工作时，首先要拟写《动画注意事项》。没有这份文件，可能会接二连三地出现差池。本阶段要发现的目标不仅是此处出现的动画失误，还有此前所有阶段中作画监督忽略的问题。

● 动画检查的职责

◆ 拟写《动画注意事项》。

◆ 检查动画是否按照原画的意图绘制和制作，如否，便要重画。

◆ 确认必要的动画张数齐全。

◆ 检查动画的画面，确保一切正常，不会给接下来的上色带来麻烦。

◆ 严格管理工作进程，确保截稿日前能够完成所有检查。

◆ 多多关照新动画师。

动画师负责的工作类别

每个类别的工作人员并非孤军奋战，动画师会根据不同作品的特性合理分配任务。

一个人参与到所有工种的工作中也并非不可能（虽然很罕见）。比如，在剧场版动画的制作中，如果作画监督完成了手头的任务，就有可能协助完成后续流程中的其他工作。有时，角色作画监督也会给机械作画监督搭把手。

角色设计师来绘制原画、动画检查来画动画的情形比比皆是。

动画师的内部分工类似是"决定这部作品中谁来担任哪种职能"的意思。动画师并非按照细分工种来招募，大部分人的起步工种都是动画制作。随着经验逐步累积，个人的能力得到了提升，职能也得以拓展。在不久后的将来，动画师很可能会介入现工种前后流程中的其他工作中去。

角色原案

负责创作角色最初的概念，企划书阶段的角色形象便诞生于此。如果有漫画原作，角色形象便有据可依，这项工作也就不复存在。如果是由动画师来进行角色原案的绘制，那么其可能会兼任后续的角色设计或总作画监督。

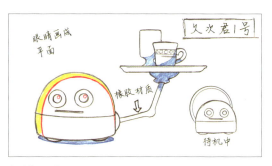

机械设计

以机械设计为主要工作内容的职务，最普遍的机器人设计就属于该工种。涉及机械的动画作品往往有着大量机械，需要精确而详细的设定，因此这一工种不可或缺。如果作品中没有与众不同的机械，就由角色设计师来负责车辆等机械设计。

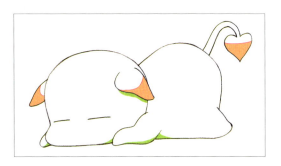

角色设计

只有动画师才能做好动画作品的角色设计。原画师、动画师、上色等诸多工作的要求繁复，因此动画的角色设计必须基于对作画、上色极为深刻的理解。

其他设计

根据作品本身的特质和倾向，选择其他有需求的设计，比如道具设计（小物件设计）、怪兽设计、服饰设计等。

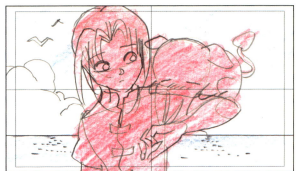

视觉概念设计

并非必要工种。负责用一张图来描绘出作品的世界观，展现其氛围。

需要在理解企划和演出意图的基础上，将概念中的形象具象化。该工种不仅需要非凡的画功，还要求丰富的影像学知识和超凡的表现力。

构图设计

根据分镜绘制实际使用的画面。构图设计对综合能力有着极高的要求，可以说是动画师工作中难度最高的工种。该工种的动画师应该擅长绘画、深谙演技、熟悉动态、对透视原理了然于胸，影像学的方方面面也不在话下。

如果想保证整部作品画面的统一性，应配置专门负责构图设计的动画师。此举能大大提高作品的整体水准。然而对于负责构图的动画师来说实属天降大任，因为这对其能力和体力都有着极高的要求。

分镜稿清稿

将不擅绘画的演出所勾勒的分镜稿精心重画成正常分镜应有的水平。这分摊了演出与动画师的工作，是一种高效的分配方法。

从前该工种十分常见，但如今却几乎绝迹。动画师出身的演出越来越多，占据了大多数。因此演出能画画也成了约定俗成的潜在要求。

构图作监

负责检查构图，多由作画监督兼任。

单是从作品的内容来判断，兼任这两种职务对于作画监督来说工作量巨大，明显是超负荷的挑战。因此，如果人手充足，又不缺预算，就会单独委任某人为构图作监。有时，构图作监比作画监督的任职要求还要高上一筹，对方方面面的能力都有极高的标准。

作画监督

对整部作品中职责范围内多集动画的作画水准负责。

理想中的作画监督应该是一名专业能力出类拔萃的动画师——明确自己管理职务的立场，拥有稳定的心态，恪守职业道德，不仅是其他动画师的楷模，也深受全体成员的信赖。

无论制片多么火急火燎地打来电话，也能有条不紊地悉心倾听、成熟应对。

总作画监督

如果组内存在多名作画监督，便由首席作监担任。剧场版作品中常设此职。

在TV动画作品中，负责指导并监督各集作画监督的工作。但并非所有作品都会设置此职。通常来讲，可以将总作画监督理解为该作品（画重点）中最优秀的动画师。

各集作监

TV和DVD动画作品中各集的作画监督。

副作监

作画监督副手的简称。设置此职，往往是在现场兵荒马乱、工作如火如荼的情况下，大家实在没有时间喊出"作画监督副手"这么老长的正式名称。有时，项目启动时就会任命副作监；但多数情况下，往往会将完成了本职工作的原画老师当作"救星"，喊他来担任副作监。这是因为只有了解和认可其实力，方能确定该人选可以胜任"救星"的重任，而原画师恰恰是这样可信的人选。

有时，能力与作画监督相当的动画师也会伸出援助之手，在最后阶段予以帮助。

机械作监

由擅长绘制机械的动画师担任。其在机器人动画作品中是不可或缺的作画监督。

其他作监

由擅长特效或动物等不同领域的动画师担任。角色作监固然也能绘制效果和动物，不过如果其他元素呈现的频率太高，那么专门为某项内容设置作监就更为高效。设置各种作监是一种高效的分工手段。

原画师

负责赋予角色以演技，让其活灵活现地动起来。因此，拥有足以呈现角色演技与动态的绘制能力是最低限度的要求，即画功是成为原画的必要非充分条件；此外，还需要出众的品位、丰富的影像学知识、对透视规律的熟练运用，以及极佳的艺术修养等。

此外，日本业内的原画往往要有一定担任其他职务的经验，以熟悉动画工序、避免画出奇怪的原画，给其他工作人员带来麻烦。

一原/二原

分别指第一原画、第二原画。第一原画由画功出色的原画师担任；第二原画是临时岗位，由尚在学习的原画担任。

日本动画业内对各式各样的工种进行了精细划分。由于动画制作面临的情况过于严峻，短时间内必须处理完海量的原画工作，因此制作组不得不启用尚不成熟的原画。现在，一原、二原的搭配是标配。即便如此，由于人员缺紧严重，一原中也不是每个人都足够优秀、能够胜任原画的工作。一旦发生这种悲剧，作监便不得不担起重任……但如果连作监也失了水准，总作监就不得不一边咆哮"作监无用！"一边亲手修改原画，场面将无比混乱，令人不忍直视。

动画检查

可以理解为一部作品中的首席动画师。其要拥有无与伦比的动画制作水平，充满想象力与求知欲，日常三省其身，思索简化后续制作流程的方式。此外，还得是一名时间管理大师。

动画师

动画师在职业生涯初期都要由此起步。宫崎骏和冲浦启之这样德高望重的老师也是从这条起跑线开始自己波澜壮阔的职业生涯的。该职务由具备一定画功的动画师担任。

第4章

数码绘图

绘制分镜与原画的标配软件CLIP STUDIO

● CLIP STUDIO是用于绘制漫画和插画的软件,兼具动画制作功能。该软件在绘图性能方面表现出众(能轻松勾勒出使用者想要的线条),是数码绘图的常备软件。

● 数码绘图领域中,专门用于动画制作的软件还有TVPaint Animation和Toon Boom Harmony。也有动画制作公司同时采用这两款软件。

什么是数码绘图

用数码工具替代纸和铅笔

如今，日本的动画制作工程中，除用铅笔绘制的流程外，已全部进入了电子化时代。

只有从分镜到作画这部分的流程采用手绘。

手绘与数码绘图运用的不同道具

数码绘图的改变之处在于纸张变成了数码工具，而需要人工绘制这点依然如旧。

<table>
<tr><th>传统手绘</th><th>数码绘图</th></tr>
</table>

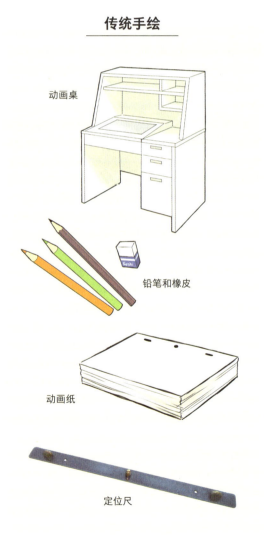

动画桌

铅笔和橡皮

动画纸

定位尺

办公桌+计算机

触控笔

液晶数码绘图板

CLIP STUDIO

（推荐购买内附说
明手册的实体版）

手绘与数码绘图的共通之处

数码绘图完成后，要将电子数据上传至服务器的文件夹，因此是如假包换的电子版。然而，这仅仅是将纸张替换为液晶屏，无法改变其手绘的本质。选择数码绘图，并不意味着能画得更快或更好。

● 让液晶数码绘图板的触感更接近纸张

液晶数码绘图板（液晶屏）能够感知触控笔的笔压，整体使用体验与手绘颇为相似。然而，这依然是一种新兴产品，还有很大的进步空间，因此模拟手绘的真实感还比较弱。

而在液晶屏上直接贴上"手绘纸感膜"这种透明贴膜，可以改善手感。

贴上膜后，原本光滑的液晶屏就会像纸张一样产生摩擦感，使用时与铅笔划在纸上的触感十分接近，画起来也更轻松。不过与此同时，这也需要与使用铅笔时同样的笔压。对于患有腱鞘炎的动画师这一庞大群体来说，直接在不需要笔压的液晶屏上作画更好。

还需要注意的是，贴上纸感膜后，笔尖的消耗会变得异常惊人。如果动画师不停地勾勒线条，干一天活就要更换笔尖5次以上。一根笔尖约需100日元（不足5元人民币），用多了也是一笔不菲的花销。此外，如果笔尖不再处于崭新状态，就会影响到线条的勾勒效率。笔尖若消耗过快，也会给动画师带来极大的心理压力（笔尖磨平之后，动画师会感到异常烦躁）。

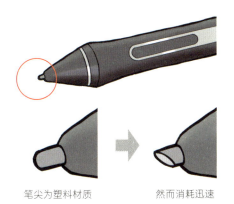

笔尖为塑料材质　　　　然而消耗迅速

虽然很遗憾，但手绘纸感膜其实不是很适合动画制作。

数码绘图的优势

因为数码技术的产业革命，动画制作流程发生了翻天覆地的变化，动画产业也因此而受益良多。然而，对于数码绘图来说情况却并非如此。采用数码绘图，产能没有提高，也没能节省时间和精力。虽说数码革命肯定改变不了画师依然要用手画画的本质，但还是希望能对数码绘图有些帮助。

但正因为没有太多变化，动画师才得以顺利从手绘过渡至数码绘图。

数码绘图的革新为各部门、各工种都带来了新的机遇与挑战。下面来一同了解一下吧。

> 动画采用Stylos制作。

> 作监通过液晶屏工作。

> 原画采用CLIP STUDIO。

> 分镜使用平板电脑。

分镜

导演和演出免不了要四处走动，如果随身携带安装了CLIP STUDIO的平板电脑，那么在任何时间和地点就都能开展工作。这么操作的人比比皆是，这是数码化的优点之一。

分镜是独立完成的工作，数码化也很容易适配个人。使用者可以完全按照个人喜好来选择心仪的硬件设备、安装软件。

分镜的一框格

> 分镜的格子很小，所以用平板电脑绘制的人比较多。

作画的一框格

数码分镜的绘制方法

- 公司发送分镜纸的电子数据。
- 在液晶屏上绘制。进行涂色，输入提示与台词。
- 复制和粘贴十分便捷，因此能用数码处理的事情很多。
- 最终成品大多以Photoshop的文件格式交付。

● 分镜的图层构成

如右图所示，在分镜纸上层建立透明图层进行绘制。

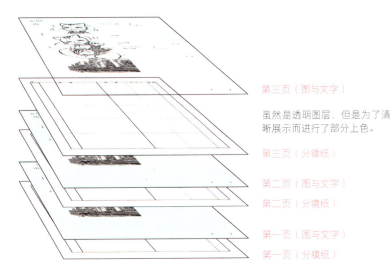

第三页（图与文字）

虽然是透明图层，但是为了清晰展示而进行了部分上色。

第三页（分镜纸）

第二页（图与文字）
第二页（分镜纸）

第一页（图与文字）
第一页（分镜纸）

原画

坦白地说，只要作画部门还需要画画，数码化就难以带来显著优势。不过，动画制作全流程数码化已成为大趋势，如果软件、设备、通信速度等能更上一层楼，那么当前的诸多问题就将迎刃而解。

如今，作画部门多采用16英寸的液晶屏进行绘制。22英寸的液晶屏虽也不错，但又大又沉，跟桌子上的计算机并列摆放会有点拥挤。

如果非要说数码化对作画部门有什么好处，那便是数码制作能尽可能保留原画师和作监笔下的图画了。当然，动画阶段依然要对若干线条进行必要的调整。

作监

作监属于审查部门，肩负将交付作品进行形态整合的重任。如果数码原画和纸质原画混在一起，就不得不统一进行处理。

一般来讲，作品会以集为单位决定是否采用数码绘制方式。然而，将上一集的修正工作从纸张转移到液晶屏的情况也并不罕见。这种混合状态恐怕还要持续一段时间，直到最后一张动画纸从业界消失。

动检

动检与作监同属审查部门，动检在纸上奋笔疾书时也会将液晶屏置于动画桌的架子上，以备不时之需。

对于动检而言，数码绘图让整个动检团队的分工变得更简单了。这主要是因为时间过于紧迫，即便是一集的工作量，一名动检也不可能独立承担。

动画

数码绘图对于"原画描摹"（也就是"清稿工作"）来说意义不大。尽管需要对原画线条进行最起码的调整以便上色，但若不大刀阔斧地简化该环节，动画制作的效率将十分堪忧。

数码绘图中，由动画负责动画本身乃至上色的整个流程，完全是由于动画单价过低所导致的无奈之举，并未从根本上解决问题。

显然，让专业上色人员来完成上色工序最为高效。然而在不久的将来，动画与上色有可能合并成同一步骤。

从另一个方面来看，新动画师从数码绘图中受益匪浅。新动画师面临的第一次挑战，就是作为绘画专业人士描绘出流畅而美观的线条。以细腻的笔触勾勒出角色的种种细节并非易事，要求精湛的技艺和高度的集中力。初出茅庐的动画师资质尚浅，如果不聚精会神，画好一条线都并非易事。

然而借助数码绘图，就等于吃了颗定心丸，可以不畏失败地在电子设备的辅助下大胆勾勒线条。如果画的是定位中间张的过渡画面，就算动画师自身的经验和技巧有限，也能以一定的速度绘制出符合标准的作品。这也是数码绘图得天独厚的优势。

制作

将手绘部分全部数码化，对制作部门有诸多好处。

数码绘画的上色环节中，可以省略整个扫描和线条修正的步骤，节约大量时间，使上色环节效率倍增。如果将作画+上色流程视作整体，那么从全局的角度来讲，将大大提高工作效率。

另外，哪怕公司总部位于东京，而动画制作现场位于地方工作室，也无须担忧。数码制作免去了回收稿件这一烦琐的步骤。双方可以传输电子数据，大大节约了人力和时间成本。

另外，这样做还可以大力响应日本"推进远程办公"的国策。高温日[1]远程办公（居家办公）也十分合理。

【远程办公？业界真实】

---

[1] 指一天中最高温度超过35℃的日子。——译者注

数码用语

3DCG（すりーでぃーしーじー）   **3DCG**

在手绘动画中，部分内容会采用3DCG技术制作，常见于一些特殊效果和与机械相关的部分。3DCG通常由专业CG制作公司、动画制作公司的CG部门或摄影公司的CG部门负责。常用软件有3ds Max、Maya等。

APNG（えーぴんぐ）   **APNG**

在网站上发布的动画PNG（Animation PNG）文件。虽然扩展名与静态图的PNG相同，但内含多张图片，并加入了能够呈现动态的时间轴。例如，"LINE动态贴图"就采用了这种格式。

dpi（でぃーぴーあい）/
解像度（かいぞうど）   **dpi/ 分辨率**

dpi是表示图像清晰度的单位，指每英寸面积上可分辨的像素数。dpi的英文全称是Dots Per Inch，即每英寸上存在的像素数目。像素的数目越多，图像越清晰；像素的数目越少，图像越粗糙。动画的线稿分辨率一般比较低，约为144dpi；印刷用的线稿则推荐使用600dpi以上的分辨率。

液タブ（えきたぶ）   **液晶屏**

液晶数码绘图板的简称。可以直接在该屏幕上作画。

拡張子（かくちょうし）   **扩展名**

因文件种类而异的固定识别记号，附在文件名称后。
例：三毛猫5.jpg（手机照片数据）
　　三毛猫5.clip（数码原画数据）
　　三毛猫5.tga（数码动画数据）

【dpi】

分辨率为72dpi

分辨率为400dpi

【液晶屏】

クリップスタジオ
（くりっぷすたじお）

CLIP STUDIO

CLIP STUDIO，简称CRYSTA，其线条绘制能力出众，常用于数码绘图的原画绘制。虽说从某种意义上讲，CLIP STUDIO是Stylos的升级版软件，能在分镜、原画、作监等环节广泛使用，但它并不是动画专用软件，不适合用于动画制作流程。

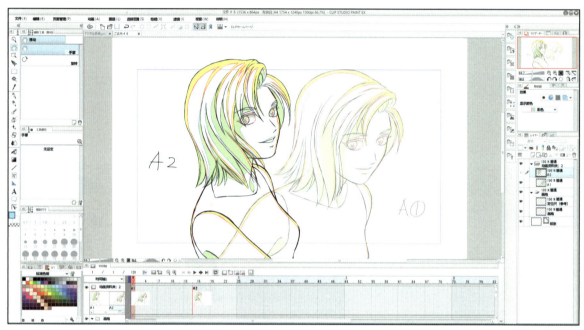

CLIP STUDIO数码原画

仕様書（しようしょ）

说明书

记载着文件扩展名、分辨率、尺寸、服务器的文件夹结构（从哪个文件夹取出镜头，将上色完成图的镜头放入哪个文件夹）等详细注意事项的说明书。
有针对分镜、原画、动画的不同版本。有纸质版，也有即开即用的电子版。

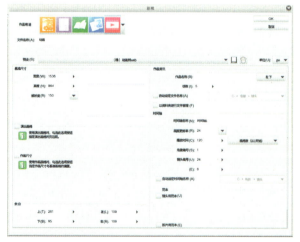

软件中的说明书

スタイロス（すたいろす） Stylos

Stylos是一款专业数码绘图软件，针对数码绘图进行了各种优化，例如设置了操作简便的曲线绘制工具等。因此，很多公司采用Stylos进行数码绘图。

セルシェーダー（せるしぇーだー） 动画渲染着色器

Cel Shader，执行动画渲染的着色器（处理3D阴影的程序）。

セルルック（せるるっく） 赛璐珞手绘风

赛璐珞风格的意思。将3DCG角色进行处理，使其视觉效果类似赛璐珞手绘风。例如《光之美少女》[1]的片尾。同义词为"漫画渲染（Toon Rendering，トゥーンレンダリング）"。

デジタルタイムシート（でじたるたいむしーと） 数码律表

Digital Timesheet，与CLIP STUDIO配合使用的"东映动画数码律表 for Windows"，可以免费下载。

トゥーンレンダリング（とぅーんれんだりんぐ） 动画渲染

Toon Rendering，将3DCG角色进行处理，使其视觉效果类似赛璐珞手绘风。

ピクセル（ぴくせる） 像素

Pixel，指像素。在数码绘图中，以像素为单位来描述动画纸、画格的大小，以及线条的粗细。在CLIP STUDIO中，线条的粗细要根据不同的作品、角色在画格中的大小，以及T.U、T.B的运镜情况来确定。

10像素的线条　　1像素的线条

ポリゴン（ぽりごん） 多边形

Polygon，指构成3D角色等立体表面的多边形。多为三边形或四边形。

モーションキャプチャー（もーしょんきゃぷちゃー） 动作捕捉

Motion Capture，通过在身上配置感应器来检测人类的动作，将其进行数据化处理，常用于3DCG制作。

モデリング（もでりんぐ） 建模

Modeling，在PC端将角色转变为3D数据。

ラスタライズ（らすたらいず） 栅格化

Rasterize，在数码绘图中，将用坐标数据绘制的矢量线（Vector Line）转化为手绘图像。虽然软件各异，但数码绘图的描线基本都是栅格线（Raster Line）。另外，同一图层中无法同时出现矢量线和栅格线，因此经常会执行栅格化。

ラスターレイヤー（らすたーれいやー）栅格图层/ ベクターレイヤー（べくたーれいやー）矢量图层

（1）栅格图层

·通过手绘的方式绘制线条的图层。

·直接显示出绘制时的样子，当场就能确定。

·想要修改时，像在纸张上进行修改一样，用橡皮擦掉或画上新的线条即可。

（2）矢量图层

·可以理解为用工具勾勒的线条，比如路径[2]。

·由于位置坐标和曲线角度等数据可以保存成电子版，后续能轻松修改线条的粗细和角度。

用文字来说明矢量线可能不太好懂，但看看实际操作的话就能立刻明白了，所以没问题的。

CLIP STUDIO和Stylos多采用栅格线作画；而动画《宝可梦》[3]通过Toon Boom Harmony制作，基本采用矢量线。

---

[1] 由东映动画制作的魔法少女系列动画，于2004年开播。——译者注

[2] 可以用钢笔工具，形状工具等创建。——译者注

[3] 亦作《口袋妖怪》《宠物小精灵》。其版权方任天堂与Game Freak、Creatures公司开发了一系列游戏。《宝可梦》的创意源于游戏设计师田尻智先生儿时的昆虫收集爱好。1996年，第一部相关游戏作品《宝可梦 红·绿》发售。如今，《宝可梦》已广泛覆盖游戏、动漫、卡牌等众多领域，是家喻户晓的IP。——译者注

数码绘图　　向着3DCG扬帆起航

说起来，我觉得未来日本的动画制作肯定会向3DCG发展。

不知道能不能适应——

别担心！

软件学学就会用啦。

动画师要掌握的是表演和动态，

使用3DCG真是太美好了！

感觉能描绘出非常帅的动态！

说得没错啊！

是因为手绘比3DCG便宜喽！

那当然

哇哦，好直接的说法

不过，为什么……

没有一口气从手绘转化成3DCG呢？

第5章

动画用语集

- 本用语集主要面向动画师。
- 作画部分主要是针对手绘动画作说明。上色是RETAS，影视后期则是以After Effects为基准来说明，二者均为业内通用软件，也有以摄影台的机制来说明的部分。
- 内容为目前动画制作工作中用语的含义。对于其他行业中相同词汇的词源及解释不作说明。
- 将一并列出因公司和作品的不同而具有不同含义的用语。
- 词汇不按照平假名、汉字、英文中任何一种单一的书写系统[1]排序。

---

[1] 日语书写系统中包括表音文字、平假名、片假名和以拉丁字母形式书写的罗马字。假名的排序法有"五十音顺"和旧式的"伊吕波顺"，汉字则以部首排序。——译者注

英数

1K（ひとこま）　　　　　　　　　　　　1帧

以1帧为单位使用。

一帧移动
5毫米的意思。

此处的"1"必须
以①的形式书写

※1帧 = $\dfrac{1}{24}$ 秒

AC / ac（あくしょんかっと）　　　　连贯动作镜头

Action Cut的缩写，指连贯动作镜头，意味着需要流畅地衔接下一个镜头中的人物姿势和动态。

右图中，分镜C-21最后一帧与C-22第一帧的角色姿态、动作完全相同。在绘制原画时，为了后续剪辑和音响效果（比如脚步声）工作的方便，确保万无一失，应将C-22初始画面的状态再稍微倒回去一点点。

Aパート（えーぱーと）/　　　　　　A Part /
Bパート（びーぱーと）　　　　　　　B Part

以TV版1集30分钟的动画为例，中间CM（插播广告）隔断的前半部分是"A Part"，后半部分是"B Part"。A Part与B Part的时长不必完全一致，在恰到好处的地方分割即可。根据每集情节发展的不同，前、后半部分的时长相差数分钟也不足为奇。

另外，若搞笑动画中1集包括3个小故事，中间的CM会进两次，将1集分成A Part、B Part、C Part即可。

Bank（ばんく）　　　　　　　　　复用画面素材库

指为了在其他集数或镜头中复用，而将使用完毕的数据进行保存。魔法少女的变身画面、机器人的变形过程基本都属于复用。

BG（びーじー）　　　　　　　　　　美术背景

Background的简写，参考"背景"词条（见180页）。

【AC（连贯动作镜头）】

BG Only（びーじーおんりい）　　　背景镜头

纯背景，指只出现背景画面的镜头。

频频出现的BG Only——主角个性十足的家

BG原図（びーじーげんず）　　　BG原图

绘制背景图所参考的原图。有时会直接使用原画师绘制的构图，有时则由美术监督参考构图重新进行绘制。

BG组（びーじーくみ）　　　BG组合

背景组合，即BG与赛璐珞/图层的组合。也有像前景组这种的组合。

BG组線（びーじーくみせん）　　　BG组合线

背景组合线，可以说是赛璐珞/图层与背景交界处的边界线。BG组合线由原画师手绘，由摄影转化为路径。详情见135页"关于组合线"。

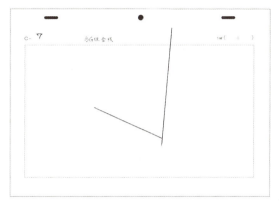

【BG组合线】

【BG组合】

英数

英数

BGボケ（びーじーぼけ） 　　　　BG模糊（背景模糊）

不想对焦在背景处时，可以在律表上标注"BG模糊 大/强""BG模糊 中""BG模糊 小/弱"等。摄影会根据赛璐珞/图层与背景的配置调整模糊的程度与状态。

① 背景清晰。希望采用时维持原状

② 摄影将背景稍作虚化，就会变成对焦前景的多层合成[1]

---

[1] 指利用背景的模糊度和前景元素的清晰度来制造出立体感和景深感。多层合成是指把不同层次的画面叠加在一起，形成一个完整的场景。——译者注

英数

BL（ぶらっく / びーえる） 黒色

Black，即"黑色"的简称。

BLヌリ（ぶらっくぬり） BL填涂

即"涂黑"。原画与动画环节会收到"BL填涂"指示，经常用于机械的阴影部分。

BLカゲ（ぶらっくかげ） BL阴影

黑色阴影，用于希望营造强对比的画面。

【BL阴影】

原画

英数

Book （ぶっく）　　　　　　　　　　Book图层

指置于背景之上的背景图。由于形态过于复杂，光靠BG组合恐怕很难处理。这种情况下，与其将组合进行分割，不如设置Book图层来让各流程的工作更为简单明了。这样画面的整体完成度会得以提升，还能增加画面的景深。此时，应对背景素材进行多层合成，将背景图的一部分作为Book图层处理。

B.S （ばすとしょっと）　　　胸上特写/近景

参考"近景"词条（见180页）。

C- （かっと）　　　　　　　　　　　镜头

即Cut的简写，第25号镜头写作"C-25"。

DF （でぃふゆーじょん）　　　　　　柔焦

Diffusion的简写，参考"柔焦"词条（见167页）。

ED （えんでぃんぐ）　　　　　　　　片尾

Ending的简写，参考"片尾"词条（见116页）。

EL （あいれべる）　　　　　　　　　视高

Eye Level的简写，参考"视平线"词条（见103页）。

【 Book 】

背景

赛璐珞/图层

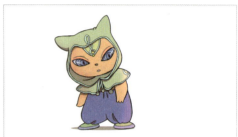

Book

完成画面

Endマーク（えんどまーく）　　　　　　　结束符号

提示最后一张动画编号的符号。

【F.I-1】

【结束符号】

F.I（ふぇーどいん）　　　　　　　　　　淡入

Fade In的缩写。

（1）从纯黑的画面中逐渐浮现出图像的效果，常用
　　　于场景戏份开始时。

（2）图像直接从场景中出现的效果。

　　　例如：幽灵忽然在空中显现，就可以采用短暂
　　　的淡入效果。

　　　与 "F.I" 相反的是 "F.O"。

描绘『翌日……』这种时间推移场景的时候经常能看到。

英数

【F.I-2】

Final（ふぁいなる）　　　　　决稿

参考"定稿"词条（见140页）。

Fix（ふぃっくす）/
fix（ふぃっくす）　　　　　固定

固定机位。在动画制作中指"固定"，即固定机位拍摄的镜头。并非未经摄影效果处理的镜头，而是可以加入摄影效果（WXP、透视光等），同时不移动镜头的意思。比如："这个镜头要不要加上缓慢摇镜？""不用，Fix就好。"

可以在律表上标注上Fix。

Flip（ふりっぷ）　　　　　翻动

翻页动画书[1]，书店里也有"翻页书"（Flip Book）这种商品。

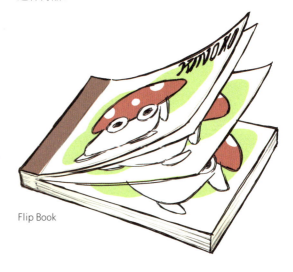

Flip Book

F.O（ふぇーどあうと）　　　　　淡出

Fade Out的缩写。

（1）画面逐渐转暗，直至变成纯黑，常用于场景戏份完结时。

（2）图像直接从场景中消失的效果。

与"F.I"相反。

---

[1] 通过快速翻动页面来呈现一系列的图像，从而创造出动画效果的图书，又被称为"动态漫画"。——译者注

Follow（ふぉろー）　　　　　跟随拍摄

跟随镜头。日文是"追い写し"，即跟踪拍摄。
指与移动中的被摄物保持一段距离，并进行跟拍的摄
影方式。
例如：马拉松比赛时，摄影师在一旁的轿车上跟拍
选手。

【Follow-1】

● 完成素材

赛璐珞/图层　　　　　　　　　　　　　　背景

● 摄影方法

① 角色在原地走动

② 将背景向
后方拖拽

【Follow-2】

● 完成素材

赛璐珞/图层
原地Follow跑

背景
Pan T.B（向后拉镜头）

完成画面①

完成画面② 背景越移越远，看起来就像角色跑过来一样

【Follow-3】

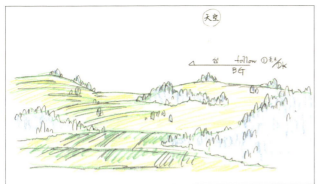

背景

赛璐珞/图层

Book

英数

Follow Pan（ふぉろーぱん）　　　　跟随摇镜

要明确的是，公司、演出、作画监督对Follow Pan都有不同的认知。

在"追踪摇镜"词条（见164页）中进行了详尽的解说。暂时记不住也无妨，稍后仔细读一遍，再理解其含义吧。

Fr.（ふれーむ）　　　　框

参考"Frame"词条（见196页）。

Fr.in（ふれーむいん）　　　　入画

指角色进入画面。

Fr.out（ふれーむあうと）　　　　出画

指角色离开画面。

【Fr.in】

① 画面的状态。暂时看不见角色的身影

从看不见的地方进入

② 角色进入画面

【高反光】在光照射的位置添加高光

英数

HI（はい）/
ハイライト（はいらいと）　　　　高反光

（1）因光照射而明亮的地方。

（2）闪光的地方，如瞳孔的高光；反光物体（如金属物品等）带光泽的部分。

HL（ほらいぞんらいん）　　　　地平线

Horizon Line，即水平线。参考"视平线"词条（见103页）。

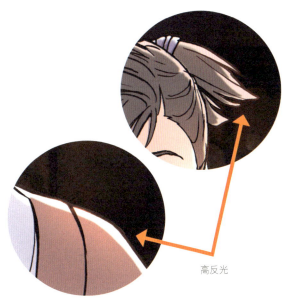

高反光

【In】

In（いん）　　　　　　　　开始/
　　　　　　　　　　　　　入画

（1）开始，即开工日。如果问制片"原画什么时候In？"，对方可能会回答"预计10月初左右吧"之类的。

（2）入画，即Fr.in的简写。

英数

L/O（れいあうと） 构图

参考"构图"词条（见212页）。

M（えむ） 音乐

即Music的简写，声音合成时指代音乐的行业用语。比如可以说"这里最好能进个M"。不过，直接说"这里最好能进音乐"似乎也不错。

MO（ものろーぐ） 独白

Monologue的简写，参考"独白"词条（见206页）。

MS（えむえす） 中景镜头

（1）Medium Shot（中景镜头）或Medium Size（中型尺寸）的缩写。

（2）Mobile Suit（机动战士）的缩写。在高达作品中，但凡出现"MS"这个字眼，那就一定是指机动战士。

Off台词（おふぜりふ） Off台词/画外音

（1）画面外人物的台词。

（2）说话的角色背对镜头或观众看不见人物口型时的台词。

两者在分镜和律表上都标注为"Off"。与"独白"相区别。

下方图示中，姐姐的台词就是Off台词。

哇哦！跟我家姐姐一个样呢。

【Off台词】

拜托啦！姐姐！

那我就考虑一下吧。

O.L（おーえる）　　　　　　　　　　　叠化

Overlap（叠化）的简写。当前的画面淡出，而下一个画面淡入，两者交叠。常用于场景转换，或表示时间流逝。可以简单将O.L理解为F.O与F.I的交叠。

OP（おーぷにんぐ）　　　　　　　　　片头

即Opening的简写，参考"片头"词条（见120页）。

Out（あうと）　　　　　　　　　　　出画

Fr.out的简写。

叠化的原理

英数

【叠化】

① 上一个镜头

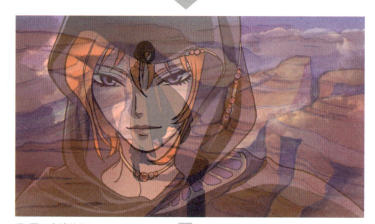

② 下一个镜头OL

③ 再下一个镜头，切换完成

Pan（ぱん）　　　　　　　　　　摇镜

摇镜，即纵向、横向、斜向运镜。

① Pan T.U
（摇镜 前推镜头）

全图

② 斜向Pan Up
（向上摇镜）

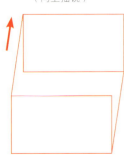

英数

③ 横向Pan
（横向摇镜）

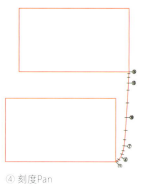

④ 刻度Pan
（刻度摇镜）

Pan目盛（ぱんめもり）　　摇镜刻度

指沿着规定刻度方向移动镜头。不同于普通的Pan（摇镜），追踪Pan（追踪摇镜）需要标注。

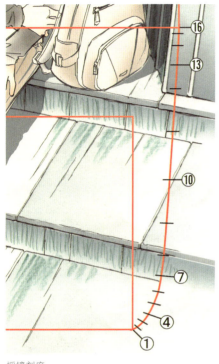

摇镜刻度

Pan Down（ぱんだうん）　　向下摇镜

指向下方摇镜的运镜手法。

Pan Up（ぱんあっぷ）　　向上摇镜

指向上方摇镜的运镜手法。

Q Pan（くいっくぱん）　　快速摇镜

指速度很快的摇镜。

Q T.U（くいっくてぃーゆー）/ Q T.B（くいっくてぃーびー）　快速前推/快速后拉

镜头快速前推或快速后拉。

RETAS STUDIO（れたすすたじお）　RETAS

参考"RETAS"词条（见216页）。

RGB（あーるじーびー）　　RGB

RGB代表Red、Green、Blue，即红色、绿色、蓝色三原色。它们互相组合可以调配出非常多的颜色。

也就是光的三原色。

SE（えすいー）　　音响效果

Sound Effect（音响效果）的缩写，指普通的音效，如脚步声、雨声等。
也可以是除台词及音乐外，所有音响效果的统称。

SL（すらいど）　　滑推

与"拉"一致，参考"滑推"词条（见158页）。

SP（せいむぽじしょん）　　同位置

Same Position的缩写，参考"同位"词条（见174页）。

T光（とうかこう/てぃーこう）　　透视光

参考"透射光"词条（见172页）。"T"这一字母较难辨认，因此一般用圆圈+T的形式（即Ⓣ）书写。

T.B（てぃーびー）　　拉镜头

将镜头拉远，使摄影主体在画面上越来越小的运镜手法。

T.U（てぃーゆー）　　推镜头

将镜头推近，使摄影主体在画面上越来越大的运镜手法。

英数

【T.U T.B】

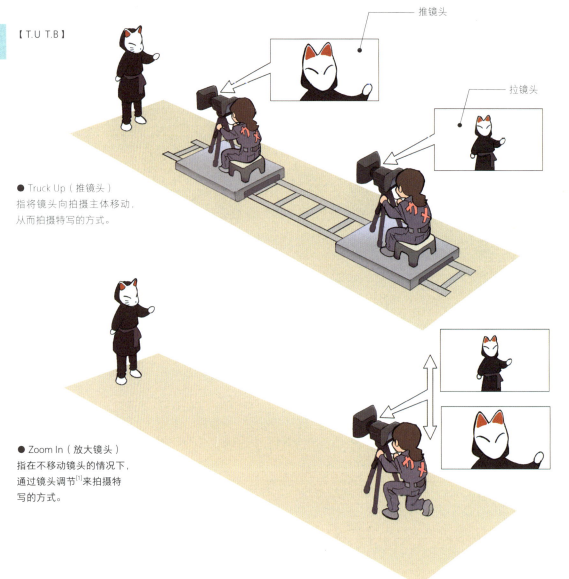

推镜头

拉镜头

● Truck Up（推镜头）
指将镜头向拍摄主体移动，
从而拍摄特写的方式。

● Zoom In（放大镜头）
指在不移动镜头的情况下，
通过镜头调节[1]来拍摄特
写的方式。

关于T.U/T.B

追溯到还在用摄影台[2]的年代，T.U、T.B是为了尽可能贴近真人拍摄而制定的相关摄影用语。

以T.U为例，镜头确实通过摄影设备接近了拍摄主体，称之为"推镜头"也并无不妥。不过，如果观察实际拍摄出来的画面，会发现动画制作中的T.U与真人拍摄中的"Zoom In（单纯地放大画面）"在效果上来说别无二致。

因此，有人指出应该将"T.U""T.B"改称为"Truck In""Truck Out"。然而，鉴于沿用已久的术语难以改变，该提议并未获得采纳。

动画制作中的"T.U/T.B"实际上相当于真人拍摄中的"Zoom In/ Zoom Out"，希望动画师对此能够铭记于心。

---

[1] 镜头调节通常包括调节焦距、视角、光圈、景深等操作。——译者注

[2] 赛璐珞时代用于动画制作的设备，可以让多层画面以不同的速度向不同的方向移动，从而产生立体感和景深感。如今该设备已被计算机技术所取代。——译者注

T.P（てぃーぴー）　　　　　描线／上色

描线与上色（Trace & Paint）。"T.P同色"的指示代表描线和填涂的颜色一致。

① 动画

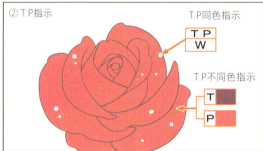

② T.P指示

T.P同色指示

T	P
W	

T.P不同色指示

T	
P	

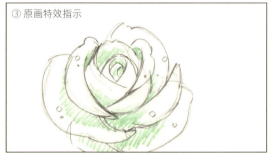

③ 原画特效指示

④ 完成画面

Up日（あっぷび）　　　　　　截稿日

工作的截稿日期。

只剩最后一周了！

Up日迫在眉睫，

V编（ぶいへん）　　　　　　V编

作品交付前，由专业后期公司执行的最终检查工作。

VP（ばにしんぐぽいんと）　　消失点

参考"消失点"词条（见155页）。

W（ほわいと）　　　　　　　白色

即White的简写。

W.I（ほわいといん）　　　　白色淡入

一种转换场景的方法，指画面从纯白背景中浮现。与"W.O"搭配使用。

英数

W.O（ほわいとあうと）　　　　　　　　　　白色淡出

一种转换场景的方法，指画面逐渐变亮，最终变成纯白色。

完成画面

WXP（だぶるえくすぽーじゃー）　　双重（多重）曝光

Double Exposure，亦写作"W曝"，可用于呈现地面的阴影和半透明的水。

【WXP-1】

背景

＋

A图层（WXP）

＋

B图层

Wラシ（だぶらし）　　　　　双重曝光

将 "WXP" 的写法进行日英结合的简洁表达方式[1]。原为Double Exposure，可以说现在已经改得分辨不出原来的语源了。不知道发明这种写法的人是不了解词源，还是单纯觉得全称过于烦琐。

英数

【WXP-2】

+

A图层　　　　　　　　　　　　　　　　　　　　　　　　　　　B图层

将B图层进行半透明处理，A、B叠加便构成了完整画面

[1] 日文中，W的发音与Double类似。——译者注

あ

アイキャッチ（あいきゃっち）　　　过场短片

Eye Catch，是TV动画进CM（广告）前的独立短镜头集。电视台表示，这是为了吸引观众的注意力，让他们不要换台。然而，制作现场的成员往往对此持怀疑态度。

アイリス（あいりす）　　　光圈

Iris，是"アイリス絞り"的简称，指镜头光圈。

镜头的光圈

アイリスアウト（あいりすあうと）　　　光圈渐出

Iris Out，是一种转场手法。一如摄影镜头的光圈逐渐收缩，呈现在观众眼前的画面逐渐呈圆形闭合，直至画面全黑。通常用于场景结尾处。

多与"Iris In（光圈渐入）"搭配使用。形状以圆形最为常见，但并没有特别的规定，可以呈星形或其他任意剪影形状。与"擦除转场"略有差异。

アイリスイン（あいりすいん）　　　光圈渐入

Iris In，与光圈渐出相反，多用于表示新场景开始或时间推移。

【光圈渐出】

光圈的形状

各种各样的形状

アイレベル（あいれべる）　　視平线

Eye Level，决定摄影视角时镜头的高度。平视时就是地平线。构图中标注为"EL"的所在直线就是视平线。

关于视平线与视角

　　请观察右图中镜头的高度。"EL"体现的恰恰是镜头的高度。不管镜头架得多高，只要其位置跟拍摄主体在同一水平位置，即可拍摄出水平的画面。

　　同样与镜头高度无关，镜头仰起，即可拍出"仰角"的照片；镜头向下倾，则拍出"俯瞰"的照片。

　　在卫生间等狭小空间用手机拍照便能轻易理解这一点。请务必亲自尝试看看。

　　初学时容易混淆，但代表镜头高度的"EL"与代表镜头方向的"视角"是两个概念。

アオリ（あおり）　　仰角

指仰角构图。

【视平线】

水平位置

俯瞰

仰角

あ

【仰角】

仰角镜头

水平镜头

上がり（あがり） 成品

指完工的作品。

あ

アクションカット（あくしょんかっと）/ 动作停/
アクションつなぎ（あくしょんつなぎ） 动作接续

参考 "AC" 词条（见80页）。

アタリ /
あたり（あたり） 示意稿

比草稿画得更随意的勾勒草图，用于展示背景及人物的位置，以及人物动态等草稿也能体现出来的内容。看到示意稿便能理解动态的大致感觉。只要在该步骤描绘出行云流水的动态，后续就能套上角色，绘制出相应的原画了。

【分镜】

镜头	画面	内容
84		
↓		大和 回头 "在那边吗!?"
↓		慌张地 跑向镜头
↓		几乎OUT 的效果

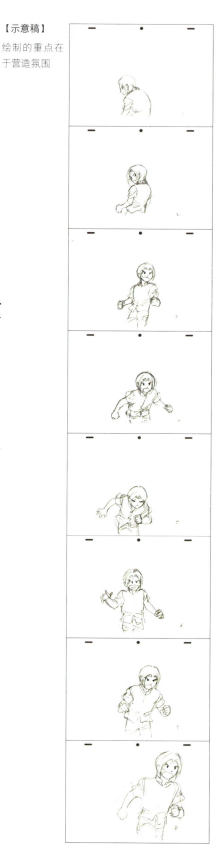

【示意稿】

绘制的重点在于营造氛围

アップ（あっぷ）　　　　　　　特写/截稿日/完成品

（1）Up，指特写，其全称是Up Size或Up Shot，如"给个Up"。

（2）工作的截稿日，如"什么时候Up？"。

（3）完成品，如"有多少Up镜头了？"。

アップサイズ（あっぷさいず）　　　　　特写

Up Size，镜头范围约为拍摄主体的面部到肩膀，又称Up Shot。

アテレコ（あてれこ）　　　　　译制配音

字面的意思是"适配"声音、进行"录制"，是英日语相结合的行业自造词。动画制作业内用这个词来表示西方电影、海外动画等的日语配音版，不过现在几乎没有人再用这种说法了，一般会直接称之为"日语配音版（日本語吹き替え）"。

穴あけ機（あなあけき）　　　　　打孔机

在纸上打定位孔的工具。

アニメーション（あにめーしょん）　　　　　动画

Animation。20世纪60～70年代，日本创作了许许多多优质的长篇动画作品。以此为基石，日本的商业动画得以发展，动画师也沿用了这段时期的技术，将其发扬光大。

アニメーター（あにめーたー）　　　　　动画师

Animator。灵活运用定位尺，在动画纸（修正纸及构图纸）上绘制画面的职务。

アニメーターズサバイバルキット（あにめーたーずさばいばるきっと）　　　　　原动画基础教程

由德高望重的动画师理查德·威廉姆斯[1]（Richard Williams）所撰写，在整个动画行业的地位非常高。

《原动画基础教程：动画人的生存手册（增订版）》理查德·威廉姆斯（原著），乡司阳子（日版译者），Graphic出版社

---

[1] 手绘动画的先驱人物，同时也是一位享誉世界的动画师。因参与《谁陷害了兔子罗杰》而赢得了动画指导和特效两项奥斯卡奖。其著作《原动画基础教程：动画人的生存手册》被公认为动画学习的经典教材。——译者注

あ

アニメーターweb（あにめーたーうえぶ） Animator Web

由本书作者神村幸子牵头设立、面向全体动画师的网站。在该网站上，从动画技法图书的推荐，到账单的撰写方法，乃至纳税申报的细节等内容一应俱全。

アバン（あばん） 先导片

Avant，Avant-Title的简写，是一段长度约为1分钟，涵盖了前情提要及本集导引的动画片段，旨在为全集做好铺垫，引起观众的观看兴趣。Avant代表"前"。如果某一集的前情提要特别长，可能是由于制作时间紧张，不得不用前情提要来填补。

アフターエフェク（あふたーえふぇくと） After Effects

Adobe公司的产品，可以说是有时间轴的Photoshop。目前，业内的影视后期部门多在Creative Cloud使用该软件完成影视后期工作。所以，动画业内的After Effects可以理解为一款影视后期软件。

After Effects的界面

アフダビ（あふだび） 配音及声音合成

日文中"配音+合成"的简称。TV版动画为了提高制作效率，往往会将两者安排在每周的同一天进行。比如某日的行程安排是11:00进行第八集配音，14:00吃午餐，16:00进行第十集的声音合成，19:00聚餐，因此演出不需要在这一天到岗。

アブノーマル色（あぶのーまるいろ） 特殊色

与普通色相区别的特殊颜色，用于特殊的情境。

各种特殊色

普通色　　　　　打蓝色光时

天空呈蓝色时　　特殊的色彩

アフレコ（あふれこ） 配音

After Recording（AR），两个单词分别表示"之后"和"录制"。这是因为先有了画面，才能参考画面录制配音。先配音再有画面则是"预录音（プレスコ）"。

アフレコ台本（あふれこだいほん） 配音台本

配音及声音合成使用的台本。台本内容根据分镜撰写。

ありもの（ありもの） 现有素材

已经制作完成的素材。准备现有素材会相对省事一些。如果有人提到"回想场景的角色服装就从现有素材里找吧"，就可以从过去的角色表中找出合适的素材。

アルファチャンネル（あるふぁちゃんねる） 阿尔法通道

Alpha Channel。

（1）数据文件格式的第四个通道。RGB+α[1]。

（2）储存素材遮罩信息的通道。

アングル（あんぐる） 视角

镜头视角的简称，指镜头的角度或构图。

安全フレーム（あんぜんふれーむ） 安全框

实际呈现于电视屏幕之内的画面范围。

在一幅完整的画面中，从最外侧的边缘向内收缩、沿虚线箭头外围勾勒出的框就是安全框。无论观众用哪一款电视，安全框中的内容都能呈现在大家眼前。

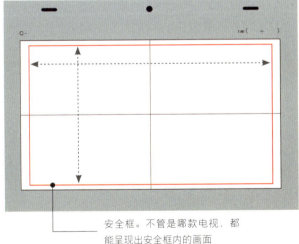

安全框。不管是哪款电视，都能呈现出安全框内的画面

其实，不同的电视，呈现在观众眼前的画面范围有着微妙的差别。

アンダー（あんだー） 欠曝

Under，即"曝光不足"的简称，指以适当曝光为标准，出现曝光不足的现象。此时，画面显得暗淡，如同缺乏光照。常与"过曝（オーバー/ Over）"搭配使用。比如，以"普通→不足→普通"的顺序切换，可呈现灯光闪烁的画面效果。

アンチエイリアス（あんちえいりあす） 平滑/抗锯齿

柔化锯齿的图像处理方式。若动画线稿仅为144dpi，由于分辨率过低，线条就会凹凸不平，锯齿十分明显。因此，在上色流程的最后会进行平滑处理。

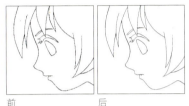

前　　　　　　后

画面缩小时，锯齿并不明显

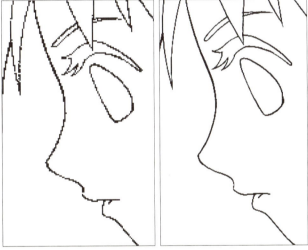

平滑处理前　　　　　　平滑处理后

---

[1] 更精确的理解是"RGB颜色模式"的第四个通道。一张彩色图片通常由3或4个通道组成。4个通道分别是红色通道、绿色通道、蓝色通道和阿尔法通道。通过组合不同的通道，可以得到不同的颜色和透明度效果。——译者注

行き倒れ（いきだおれ）　　　　半路倒下

指外勤结束，一路驾车返回的制片瘫倒在途中，未能如期归来的情况。如果其正随身携带着回收完毕的材料，则被称为"双双倒下（共倒れ）"。这是与制片相关的专用语。

【半路倒下】

一原（いちげん）　　　　　　一原

第一原画的简称。参考"二原"词条（见178页）。

1号カゲ（いちごうかげ）/　　1号阴影/
2号カゲ（にごうかげ）　　　2号阴影

1号阴影为普通的阴影色，2号阴影为比1号阴影更暗的阴影色，亦作"1段阴影""2段阴影"。

原画

1号阴影

2号阴影

赛璐珞/图层

イマジナリーライン
（いまじなりーらいん）

假想线

Imaginary Line，指假想的线条，是整个场景中镜头绝对不可逾越的无形之线[1]。倘若不遵循此原则，观众就搞不清登场人物之间的位置关系。演出、原画师深谙这一点。可以断言，没有不知道这一点的演出。

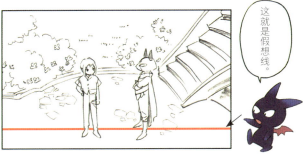

这就是假想线。

假想线的设定

从正上方观察，可将连接两人的无形之线理解为假想线

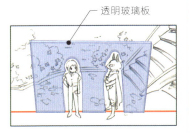

透明玻璃板

可以假设在假想线上竖起了一面透明玻璃板，那么就很好理解镜头没法穿越玻璃的设定了

镜头	画面	台词	
41		大和 昨天的风暴也太厉害了	大和　大尉 观众看到这幅画面，会认为大尉在右侧，大和在左侧
42		大尉 我担心少位的安危	镜头锁定大尉
43		大和 那只小动物可是宇宙最强的 哼	镜头锁定大和
44		大尉 可是…… 大和 你也太爱操心了吧	以大和视角向大尉的方向拍摄
45		大尉 你这没心没肺的家伙，可真是一身轻松啊 大和 想吵架吗？	C-44正反打镜头。只要不越过假想线，也是保持大和在左侧，大尉在右侧的设定，观众就很容易理解

[1] 补充说明：拍摄位置要处于同一侧的180°以内。因其内在规则，亦被称作“不越轴”“轴线”。以右上方的图示为例，如果在红线下方的180°范围内拍摄，那么无论镜头处于哪个位置，人物的位置关系永远是大和位于大尉的左侧；而一旦跨越了不可逾越的假想线，两人的位置关系就会发生改变，令观众感到费解。——译者注

【假想线】

实际案例

あ

关于假想线

假想线是影像中"约定俗成"的规则。然而，背离这项规则的特殊拍摄手法依然存在。即便违背了假想线规则，也不至于要进行书面检讨，只是这样确实会引起观众的困惑。如本无特殊意图，而呈现出让观众感到费解的画面，那么这段影像往往会被判定为"失败的""糟糕的""新手做的"。面对类似的批评，动画师也无从辩驳，只能照单全收了。

动画师必须深刻理解假想线，方能领会分镜的意图。

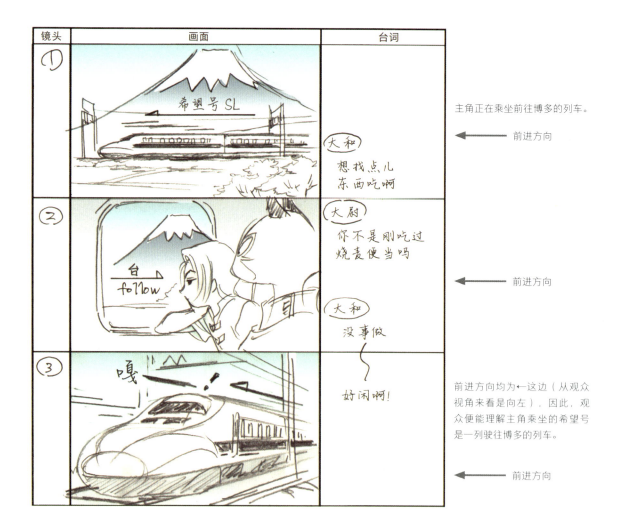

镜头	画面	台词
①	希望号SL	大和 想找点儿东西吃啊
②	台 follow	大厨 你不是刚吃过烧麦便当吗 / 大和 没事做
③	嘎 好闲啊！	

主角正在乘坐前往博多的列车。
← 前进方向

← 前进方向

前进方向均为←这边（从观众视角来看是向左），因此，观众便能理解主角乘坐的希望号是一列驶往博多的列车。

← 前进方向

错误案例与解决方案

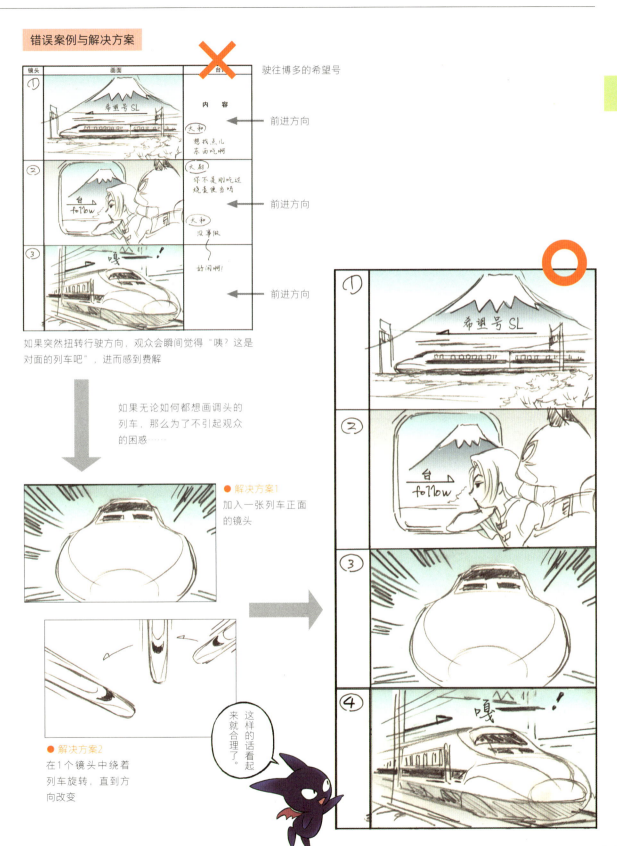

驶往博多的希望号

前进方向

前进方向

前进方向

如果突然扭转行驶方向，观众会瞬间觉得"咦？这是对面的列车吧"，进而感到费解

如果无论如何都想画调头的列车，那么为了不引起观众的困惑……

● 解决方案1
加入一张列车正面的镜头

● 解决方案2
在1个镜头中绕着列车旋转，直到方向改变

这样的话看起来就合理了。

イメージBG
（いめーじびーじー）　　　　　　　　　**印象背景**

Image BG，指存在于人物心中的景致和抽象概念的背景。

イメージボード
（いめーじぼーど）　　　　　　　　　**视觉概念设计**

Image Board，在作品筹备阶段绘制、以展现作品世界观的图像。

在企划阶段，向电视台及制作成员传达作品的整体设计风格与氛围；作品制作开始后，向作画、背景、上色等部门交代作品的视觉概念。

【印象背景】

色浮き（いろうき）　　　　　　　　　**色彩偏离**

赛璐珞/图层的颜色与背景色不协调的状态。

例：明明下着雨，天色也昏昏沉沉，角色的衣物却异常鲜艳，与背景格格不入，画面整体显得很别扭。这种角色衣物在画面中过于突兀的情况被称作"颜色过偏"或"色彩有点偏离"。

色打ち（いろうち）　　　　　　　　　**色彩会议**

旨在研讨作品中整体世界、场景，乃至角色色彩的会议。

出席人员包括导演、角色设计师、演出、美术监督、色彩设定和制片。

色変え（いろがえ）　　　　　　　　　**改色**

将角色的颜色转变为非普通色的颜色，如黄昏色、夜色。

色指定（いろしてい）　　　　　　　　**配色指定**

指定每个镜头、原画，乃至动画配色的工作。该工作和执行该工作的人员都被称作"配色指定"。通过在纸张上撰写来指定配色的方式称为"标注"。

色指定表（いろしていひょう）　　　　　**配色指定表**

配色指定相关的数据文件及用于上色的角色配色表。也包含角色的颜色配置框。

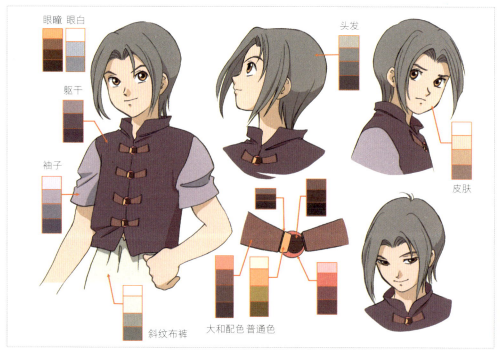

眼瞳　眼白　　　　　　　　　　　头发

躯干

袖子

皮肤

斜纹布裤　　大和配色 普通色

【配色指定表】

色トレス（いろとれす）　　有色线条

在上色阶段，除黑色外的线条均被称作"有色线条"。

色パカ（いろぱか）　　跳色

参考"画面闪烁（パカ）"词条（见180页）。

色味（いろみ）　　色感

指"色彩的韵味"，是行业自造词。以色彩的感觉或色彩的氛围来形容就更好理解了，工作中可能会听到"整体色感再往红色系调整一下，可能会跟背景更搭"这样的表达。

インサート編集
（いんさーとへんしゅう）　　插入镜头剪辑

在某个连贯镜头之间插入另一个镜头画面的剪辑方式。由演出在剪辑时操作，因此原画师不必在意。

ウイスパー（ういすぱー）　　低语

Whisper，指轻言细语。即便角色张大了嘴说"安静点！"，也有可能是压低了声音在说。这种情况下，可以在分镜上标注"低语"，为配音环节提供文字指示。

打上げ（うちあげ）　　庆功宴

作品制作完成后，召集现场全体工作人员参与的犒劳大会。根据作品的不同，庆功宴的会场差别很大，从附近的中式简餐，到帝国大酒店的精致美食——一切皆有可能。

打入り（うちいり）　　开工宴

作品制作伊始，召集现场全体工作人员参加的聚餐，顺便让大家碰面熟悉一下。与"庆功宴（打上げ）"相对。与发音相同的"给我冲啊（討入り）"绝对不是一回事。

打ち込み（うちこみ）　　标注

将配色指定写到原画和动画纸张上的工作。

【有色线条】

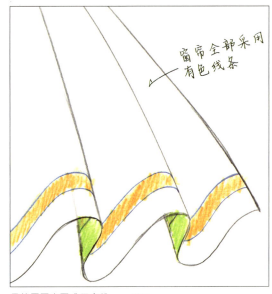

窗帘全部采用有色线条

虽然原画中画成了实线

但由于文字中指示了"有色线条"，所以上色时便采用了彩色的线条

※全有色线条制作的动画也可以跟原画一样使用实线，只需采用上色部门易懂的画法即可。

あ

あ

内線（うちせん） 内线

由于动画的线稿是黑色的，如果再用黑色上色就看不见描边的轮廓了。虽然有时看不见也没什么影响，但如果因此难以分辨角色的动作和姿态，就可以在描线内添加提亮色，让轮廓变得清晰。这便是"内线"。与有色线条不同的是，内线的外轮廓依然是黑色，只有内侧才是彩色线条。

线稿　　　　　　　　彩色

一旦涂上色彩，就看不到线稿勾勒的轮廓了

绘制好内线的图像

ウラトレス（うらとれす） 背面描线

指把画翻个面，在背面描线。画面呈镜像。请注意，也有人将同样的意思写作"透视反转（逆バース）"。

運動曲線（うんどうきょくせん） 运动曲线

参考"轨道"词条（见130页）。

英雄の復活（えいゆうのふっかつ） 英雄复活

指动画师出身的演出或导演参与原画工作。这是在想尽办法而原画依然无法按时提交作品之际，制片秘藏的最终武器。这是制片的专用语。

エキストラ（えきすとら） 人群

指大量人，如路人。

絵コンテ（えこんて） 分镜

绘制成型的动画设计图。分镜在动画制作中至关重要，可以说它决定着作品的优劣。所有元素在分镜中一览无余：台词、演技、音响效果、构图、运镜、效果、BGM等。从作画到制片在内的全体工作人员都要时刻参阅分镜，有条不紊地开展工作。

关于分镜工作

如今，使用数码绘图板绘制分镜的演出增多了。主流方式是CLIP STUDIO + 平板电脑。这是因为平板电脑本身便携性强，可以将它带到任何地方开展工作；同时，Apple Pencil（触控笔）的性能也十分出色。

不过，由于平板电脑屏幕呈现的画面较小，居家绘制分镜的情况下，为图方便，最好准备一个16英寸左右的液晶数码绘图板。各大公司会提供电子分镜的格式和文件夹，直接使用即可。分镜的分辨率基本都是400dpi（可能会有明确的像素要求）左右，输出格式以Photoshop的通用格式PSD为主。

【分镜】

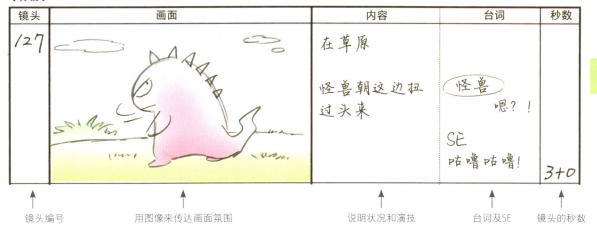

镜头	画面	内容	台词	秒数
127		在草原 怪兽朝这边扭过头来	怪兽 嗯？！ SE 咕噜咕噜！	3+0

镜头编号　　　用图像来传达画面氛围　　　说明状况和演技　　台词及SE　镜头的秒数

あ

絵コンテ用紙
（えこんてようし）　　　　　　　　　　　　分镜纸

现在A4纸是主流的分镜纸。附录中收录了分镜纸，可以放大成A4尺寸后打印使用。

絵面（えづら）　　　　　　　　　　　　画面

指"从外观中直观感受到的画面氛围或情绪"或者"构图给人的印象"。这是日文中原本没有的词汇，也是一个口语表达。使用场景如：作监一边对原画师说"这画面不太好吧"，一边着手修正对方提交的构图。

エピローグ（えぴろーぐ）　　　　　　　尾声

Epilogue，故事的最后，指篇幅不长的故事的结尾片段。

エフェクト（えふぇくと）　　　　　　　特效

Effect，光、爆炸、自然现象、效果线等特殊效果的总称。

演出（えんしゅつ）　　　　　　　　　　演出

在动画制作中，演出负责构筑作品，赋予角色以演技与生机。他们统筹大局、身兼重任，指引作品的方向。

特效

演出部门

导演

分镜

副导演

副导演助理

这些都属于演出部门。

演出打ち（えんしゅつうち） 演出会议

导演向各集演出传达作品大方向的碰头会议。导演、演出、制片都将参会。

あ

演助（えんじ） 演出助理

演出助理的简称。根据演出的指示，协助其检查细节的助理。

円定規（えんじょうぎ） 圆形模板尺

可以正确勾勒出圆形、椭圆形等形状的模板尺，亦作"模板尺（テンプレート）"。

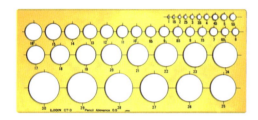

エンディング
（えんでぃんぐ） 片尾

Ending（ED），本片完结后，播放片尾曲时的动画片段。片尾字幕会展示工作人员表。

大判（おおばん） 大型纸张

比标准纸张尺寸大的纸张。在上色环节中，扫描仪最大能扫描A3尺寸的纸张，因此大型纸张的上限便是A3尺寸。

在日本动画制作行业中，将这种大型纸张写作"大判"或"大版"。本书参照《广辞苑》[1]的记述，选用了"大判"这种表达。相关用语为"长图（長セル）"。

大ラフ（おおらふ） 示意草图

比"草图（ラフ）"更粗糙的画面，暂时画不了草图的新人常被指示先去画示意草图。如果作监要求画示意草图，那么只要掌握大致的动作，用寥寥几笔勾勒出简单的姿态就行了。

お蔵入り（おくらいり） 仓管

将未发布的作品封存至仓库里，无论其完成与否。这种状态被称为"仓管"。一旦作品遭遇"仓管"，怕是再难重见天日。

【示意草图】

[1] 岩波书店发行的日语词典。——译者注

送り描き（おくりがき）　　　　　　　　　　逐帧作画

原画绘制动态时，从1开始按顺序绘制出动作的步骤。英文中被称作"Straight Ahead（逐帧作画）"（见118页）。相关用语为"Pose to Pose（姿态对应）"[1]。

Straight Ahead

在花圃中奔跑雀跃时，角色没有明确的目的和方向，因此（可能）更适合采用逐帧作画。

Pose to Pose

如果角色的目的是跨越断崖逃生，就要先决定起跳点和降落点，然后再绘制中间和前后的原画。

オーディション（おーでいしょん）　　　試镜

Audition，选择对应工种理想人员的选拔会，如配音演员和角色设计师环节的选拔。配音演员试镜是指请候选人到录音棚录制拟出演的角色，角色设计师试镜则指请候选人尝试进行角色绘制。

オーバー（おーばー）　　　过曝

Over，即"过度曝光（露光オーバー）"的简称，指以适当曝光为标准，出现了过度曝光的现象，导致画面显得过白。常与"欠曝（アンダー/Under）"搭配使用，在日文中也被称作"过亮（飛ばす）"。

オバケ（おばけ）　　　残影

移动速度太快时，看不清角色的姿态；或是为体现"高速运动"而故意画出残影效果的图像。

经典残影

曝光不足

曝光正常

曝光过度

---

[1] Straight Ahead指逐帧、逐张绘制；Pose to Pose指先绘制关键张、关键帧，再补充中间的画面。——译者注

【逐帧作画】

逐帧作画（おくりがき）

　　在原画绘制动态时，从1开始按顺序绘制出动作的步骤（英文中称作 "Straight Ahead"）。虽然这种画法可应用于所有动态，但由于受到的位置限制较小，因此更适合大幅度的动作。这种画法对动画师来说充满乐趣，尽管偶尔因想象力尽情驰骋，笔下的动态可能刹不住车，但善后工作也是个令人跃跃欲试的过程。

　　描绘动态的方法除了这种连续动作画法，还有一种先决定动作的关键点，然后再补充绘制其间的张数的画法（英文中称作 "Pose to Pose"）。动画师需要根据镜头的内容，选择某种画法，或两者并用地绘制动态。

　　动作关键点的图像被称为 "关键帧（キーフレーム）"。"Straight Ahead" 和 "Pose to Pose" 的画法请参考117页。

① 豆子？　　② 　　③ 噗哟

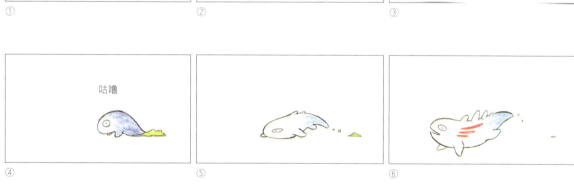

④ 咕噜　　⑤ 　　⑥

⑦

⑧ 开始发挥创意

⑨ 画着画着，连自己都不知道在画什么了

あ

⑩　烦恼该如何善后

⑪　总之先想办法压制一下

⑫

⑬　离压制成功还有最后一步

⑭

⑮　又发散思维

⑯　这样下去可不行啊！

⑰

⑱

⑲

⑳

㉑

㉒　万事不决画猫猫

㉓

㉔　End

大功告成
……了吧？

オープニング
（おーぷにんぐ）

片头

Opening（OP），作品开始时播放主题曲的部分。片头字幕会展示作品名和主创人员表。

あ

オープンエンド
（おーぷんえんど）

OP ED

同时提及"片头"与"片尾"时使用。由于OP、ED往往是一起制作的，两者常被同时提及。

オールラッシュ
（おーるらっしゅ）

整体预演

All Rush，编辑工作完成后，将所有镜头串联好的剪辑成品。整体预演后，就能基于这版初编素材推进音乐工作了。此处也是提出最终修正（最終リテイク）的阶段。相关用语为"粗编（棒つなぎ）"。

自我动画（俺アニメ/おれアニメ）

也可称为"自我原画"，指原画未遵从分镜的指导绘制，因一己私欲而添加过量不必要的演技与动态。通常伴随着无视角色设定的表现，导致角色仿佛是穿着相同服饰的另一个人，甚至可以说是截然不同的角色。

这种"我行我素"的动画师有诸多类型，但他们基本都抱着"我所创作的画法绝对是最优秀的！"这种强烈信念，痴迷地将身心都倾注在眼前的原画中。他们极力追求自己理解的"高品质"，绝不是随心所欲地敷衍了事。这种状态可谓灵魂已然离开了躯壳。

这类原画是在动画师非理性的情况下诞生的，会给整部作品带来诸多困扰，绝对不值得推崇。然而，由于陷入这种状态的作画从某种意义上反映了动画师的本质，TV动画中也有不少演出和作监会睁一只眼闭一只眼。

试想，如果灵魂出窍状态继续蔓延、传染，心魔缠身的演出看到原画，激动地高呼"噢噢！多么独特，我喜欢！"，然后一边隐隐期待"反正作监看不下去的话会改掉"，一边通过原画递交给作监。若作监是经验丰富、理智尚存的动画师，自然万事大吉；但万一好巧不巧，碰到了同样灵魂出窍的作监，那就会覆水难收："这原画太棒啦！虽然角色面目全非，但演出都通过了，我也要果断行事，坚定地让它出镜！"连锁反应的结果就是万事休矣，最终播出的动画作品看起来将是一部截然不同的动画。

虽然有着"自我动画"的存在，但是作画环节的"最终守卫"动画检查老师也非等闲之辈，其大大抑制了"自我动画"肆意生长的空间。一丝不苟、铁面无私是担任动画检查的必要条件，要逃过这些动画师的火眼金睛绝非易事。

灵魂出窍的气场

音楽メニュー発注
（発注おんがくめにゅーはっちゅう） **委托制作音乐曲目**

作品专属音乐（BGM）的委托制作。音响监督、选曲、导演、制片人共同磋商，拟定曲目清单，委托作曲家进行创作。TV动画的音乐作品往往有50～60首。曲目越丰富，能适配的动画场景就越多，选择也越灵活。然而，一旦超过预算，制片人会及时叫停。

音楽メニュー表
（おんがくめにゅーひょう） **音乐曲目表**

作品专用曲目（BGM）一览表。除了"主角主题曲""战斗主题曲"等提示名称外，从表中还能一目了然地查阅曲目的内容和编号。导演和演出会提前了解所有曲目，一旦遇到音响选曲与预期不符的情况，便会从音乐曲目表中另行推荐。

音響監督
（おんきょうかんとく） **音响监督**

监管配音及声音合成的人员，同时管理"选曲（選曲）"及"音响效果（音響効果）"的工作人员。

音響効果
（おんきょうこうか） **音响效果**

（1）指"SE（Sound Effect）"
（2）指担任"SE"的工种。

あ

● 《友邻的生活大冒险》音乐曲目表

No.	主题	内容	时长	备注
M-1	银河联邦军主题曲	银河联邦军本部的氛围。舰桥对话场景	1分30秒	
M-2	大和主题曲	大和登场时。不严峻但具一定攻击性的印象	1分30秒	
M-3	大尉主题曲	知性沉稳的大人。亲切且温和	1分30秒	
M-4	少佐主题曲	不明生物。有点搞笑但危险	1分30秒	
M-5	平静的日常	南国风的日常。其乐融融、和平用餐的氛围	1分30秒	
M-6	悬疑	在暗处窥视3人的谜之人物	1分30秒	
M-7	战斗	特效的风暴。充斥着光影与压倒性的力量	2分钟	
M-8	舰队战	银河帝国军本队的主力舰队登场	2分钟	
M-9	欢乐	少佐与大和日常拌嘴	1分钟	

海外出し（かいがいだし）　　海外委托制作

除中国、韩国外，还有越南、菲律宾、泰国等国家和地区。

> **海外委托制作**
>
> 　　指动画及上色工程委托海外制作。相关工程几乎有"90%以上都要出海"，甚至到了日本国内制作产业出现空白危机的地步。如今，日本国内的动画、上色工种岌岌可危。而动画这一职务正是未来担任原画师、作画监督、导演等职务的必经之路。日本国内担任动画工作的新人日趋减少，意味着业内栽培年轻技术工作者的大环境日益恶化。

回收（かいしゅう）　　回收

前去收取"成品（上がり）"，制片用语。

动画行业常有之事

返し（かえし）　　返回动作

超出原画计算出的动作幅度、需额外绘制的动画。前提是原画阶段已计算过整个动作幅度。在这种情况下，必须追加绘制超出部分的示意稿。可以理解为"余震效果（揺り戻し）"。

【返回动作】作画顺序

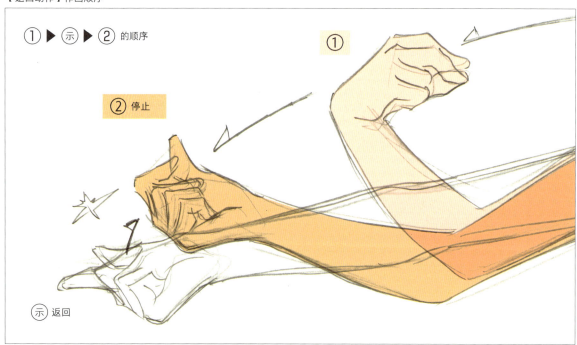

画角（がかく）　　　　　　　　　视域

拍摄视域取决于拍摄范围，而拍摄范围因镜头类型（标准镜、广角镜、望远镜、鱼眼镜等）而异。

例如：广角镜为60°～100°，望远镜为10°～15°，鱼眼镜为180°。

实际上，作画会议并不会给出"这个镜头用55°视域拍摄"这样精确的指示，动画师只要知道大概要拍出哪种视角的感觉就行了。镜头导致的画面差异，可以通过多阅读写真杂志来学习记忆。当然，多通过相机镜头去实际感受是上上之选。

广角镜：可以拍摄宽广的角度，强调透视效果

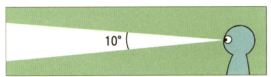

望远镜：拍摄的角度小，但能够放大远处的物体

描き込み（かきこみ）　　　　　绘入

指将原本在其他图层绘制的物体在运动途中合并至另一个图层一并绘制的过程。

拡大作画（かくだいさくが）　　放大作画

画面中的角色或物体太小，导致其轮廓和线条都极为模糊。这种情况下，先将图像放大进行绘制，再在摄影阶段将图像缩小成原本的尺寸，这个过程就是放大作画。构图会指定图像应有的尺寸和所在的位置。原画处理完毕后，再将画好的图像缩小并复制到原本的指定位置即可。

摄影阶段会根据构图的示意图来拍摄，因此不用特意明确缩小比例。

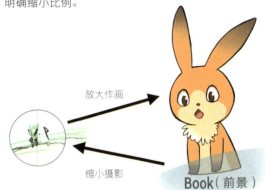

图示画面中，远景的兔子图像过小，很难以原尺寸比例进行绘制

カゲ（かくだいさくが）　　　　　阴影

附着于人物等上面的阴影，通常用铅笔绘制。

ガタる（がたる）　　　　　　　晃动

放映时，画面突然偏移或抖动，一般是定位尺错位或扫描歪斜导致的。

合作（がっさく）　　　　　　　合作

与海外公司合作，共同制作动画作品。一般指承包美国等国家、地区的委托制作工作；有时则是与海外共同投资，从企划阶段就一同制作的情况。

カッテイング（かっていんぐ）　　剪切

Cutting，通过剪切胶卷来决定影像长度，指编辑工作。相关用语为"剪辑（编集）"。

カット（かっと）　　　　　　镜头/切分

（1）Cut，场景划分的最小单位。
（2）剪辑过程中的"切分"。

カット内O.L
（かっとないおーえる）　　　镜头内叠化

简称"镜头内O.L"，指镜头中画面的一部分或整个画面叠化的效果，亦作"镜头中叠化（中「なか」O.L）"。

カットナンバー
（かっとなんばー）　　　　　镜头编号

Cut Number，制作分镜时，将最初的场景标记为镜头①，然后按顺序标注的镜头编号。参考84页"镜头（C-）"词条。

【阴影】

无阴影

有阴影

关于阴影

　　阴影的绘制方法因作品而异。例如，在早期高达作品中，阿姆罗的半边脸永远勾画着阴影，显得十分忧郁。这种阴影是"该角色就应该散发出这种氛围"的、约定俗成的阴影。这便是安彦良和老师开创的"阴郁阴影（ネクラカゲ）"，是一款具有开创意义的动画阴影。

　　展现人物性格与感情的阴影、为平面图增添立体感的阴影，这些阴影都是日本动画制作中的独特表现手法。

阴郁阴影 →

カットバック（かっとばっく）　　　　　交叉剪辑

将不同场景进行穿插剪辑的拍摄手法，常用于营造紧张的氛围。最准确的表达方法是Cross Cutting（クロスカッティング），两者也有着细微差别；不过日本动画制作行业中，更习惯使用Cut Back（カットバック）这种表述。

其与"倒叙（フラッシュバック）"的意思截然不同。

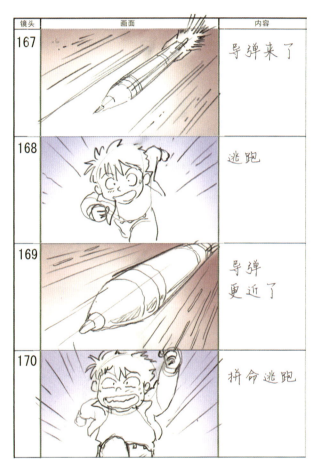

镜头	画面	内容
167		导弹来了
168		逃跑
169		导弹更近了
170		拼命逃跑

カット袋（かっとぶくろ）　　　　　镜头素材袋

收纳原画、动画、律表等动画流程纸质版素材的B4尺寸信封，每家公司都有自己独立设计的信封。信封正面印有场景编号、镜头编号、负责人姓名、工作进程等信息。

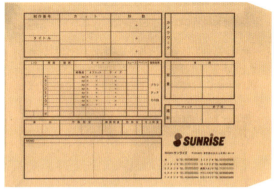

日升公司（SUNRISE）的镜头素材袋

か

カット割り（かっとわり）　　　　　镜头分配

（1）作画会议前后，将全部镜头分配给相应原画的工作。

（2）从镜头演出的角度来看是一种方法论，指如何通过画面堆叠与组合来展现一个场景。

カット表（かっとひょう）　　　　　镜头计划表

记录着各镜头工作进展状况、负责人等资料的详细一览表，由相应的制片来制作。

镜头	兼用	构图		一原		二原		动画		上色		背景	
		In	Up	In	Up	In	Up	In	Up	In	Up	In	Up
1		3/30	4/8	3/30	4/8	4/9	4/12	4/14	4/16	4/16	4/17	4/9	
2	6	3/30	4/8	3/30	4/8	4/9	4/13	4/14	4/16	4/16	4/17	4/9	
3		3/30	4/8	3/30	4/8	4/9	4/13	4/14				4/9	
4	10、12	3/30	4/11	3/30	4/11	4/11						4/11	
5		3/30	4/9	3/30	4/9	4/10						4/9	
6		3/30	4/10	3/30	4/10	4/10						4/9	
7		3/30	4/9	3/30	4/9	4/10						4/9	

角合わせ（かどあわせ）　　　　框角校准

（1）指Follow（跟随镜头）的动画绘制方法。在画框的右下角标记好刻度。动画师一边让角色移动，一边对照刻度绘制中间张图像。绘制Follow的动画时必须、绝对、务必时常按照该方法确认角色的动态，这样才能绘制出正确的动画。可选用任何一个框角。

（2）以前称为追踪摇镜（つけPan/Follow Pan）的框角校准，这种说法至今依然通用。

7cm x 12=步幅84cm，84cm ÷ 4张=21cm/张，根据框角校准，每张要移动大概21cm。

【Follow的动画画法=框角校准】

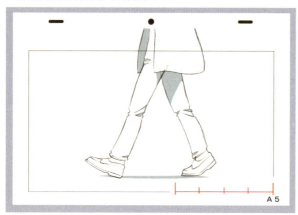

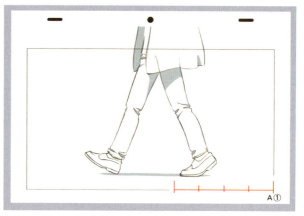

（1）在A1和A5间绘制步幅的刻度标记。对于这张图来说，是通过右下角进行框角校准的

律表

（2）以一步之隔将两者交叠　　　　（3）动画A3就对准这个位置进行框角校准，绘制中间张

关于框角校准

　　"框角校准"这一用语源于二战前尚未发明定位尺的时期。彼时，动画师以纸张的"框"和"角"为参照标准进行校准。只要使用的是日本制的标准动画用纸，就可以放心在右下角标记刻度，进行框角校准。

かぶせ（かぶせ）　　　　　覆盖

若需对部分动作进行修正或遗漏了某些小配件，可运用 "覆盖" 技巧。在新建的图层中绘制修改后的部分，直接覆盖在需修正的图层上。毕竟是人工绘制，难免会出现失误，即便忘记了特别重要的东西（比如连嘴巴都没画！）也没什么好奇怪的。只要预演检查（ラッシュチェック）能查出问题，就不会被搬上荧幕（大概吧……）。

紙タップ（かみたっぷ）　　　　定位纸条

将动画纸上有定位孔的部位剪成狭长条。可以选用画过底稿或草图的动画纸进行剪裁。动画师可根据自己的个人喜好剪裁出方便的宽度，作为定位尺的替代品。制片保存着成箱的定位纸条，然而他们往往不太在意纸条的宽度，更看重其实用价值，比如是否足够坚固、经久耐用。

か

① 画过底稿，已经没用了的动画纸

② 剪裁成条

定位纸条

完成啦！

动检

在这种情况下，只需要补画背鳍这部分……

盖住喽

カメラワーク（かめらわーく）　　　运镜

Camera Work，指摄影效果和镜头操作。参考 "摄影指定（撮影指定）" 词条（见149页）。

画面回転（がめんかいてん）　　　画面旋转

指旋转画面的运镜方式。可以在框中标注旋转的刻度，如果只有角色旋转，也可以画出示意图。如果旋转情况较为复杂，则需提前与摄影师沟通。

画面動（がめんどう）　　　　　画面晃动

亦作"画面抖动（画ブレ）"或"镜头摇动（カメラシェイク）"。地震时画面颠簸摇动的效果就是画面晃动。实现方式是让画面以约5毫米/①K的幅度上下摇晃，进行摄影。

摄影监督表示，当高达近距离着陆时，会引发地面剧烈震动，需借助画面晃动来表现。若为远景拍摄，则在高达着陆后，稍作延迟再让画面开始摇动，以呈现高达降落场地产生的剧烈余震一路延伸到镜头所在位置的感觉。可以通过小幅度地重复T.U和T.B来表达对心灵的冲击，比如"嘎锵~（ガチョ~ン[1]）"（这个词大概已经没人用了）之类的时刻。

若需指定大致振幅时，可在律表上以波浪线的形式标注；如无须指定，就没必要绘制波浪线，用简洁明了的方式标记即可。

① 绘制普通的画面

② 以①K上下抖动的方式拍摄，呈现图示效果

[1] 源于日本搞笑艺人谷启（1932~2010，本名渡部泰雄）先生原创的代表性搞笑动作。动作为伸出右手，猛地向后抓取，手臂前后收缩。其起源众说纷纭，一说是其灵感源于日式麻将中的自摸，一说是其运镜手法导致了这个动作的走红。谷启先生表示这个动作展示了自摸麻将时的兴奋，后又一次用它表示钓到大鱼又让其溜走这种坐过山车般的心情。自此，"嘎锵~"广为流传，成为日本观众数十年间十分喜爱的梗。——译者注

画面分割（がめんぶんかつ）　　　　画面分割

将画面分成两个以上独立的画面。构图时进行指定，摄影就会对画面进行切分，不需要遮色片。

留出余地，以便后续分割成单独的素材

摄影时将画面重组

9等分

同样制作出稍大的素材备用，然后进行剪切修正。

摄影将画面按照9等分重新组合

ガヤ（がや）　喧嚣声

来自人群的喧哗声等杂音。

カラ（から）　留白

指"空白（空「から」）"。在律表的格子中画X（又），表示该画格没有赛璐珞/图层。

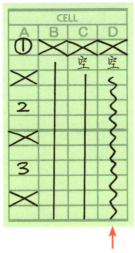

喜欢波浪线的话，摄影可以随意使用波浪线或直线；不过动画需要根据公司的要求标记

カラーチャート（から一ちゃーと）　色彩表

Color Chart，作为作品参考标准的配色表。TV版动画约有1000种配色，剧场版约有2000种配色。BG90和CB0等编号是赛璐珞时代的动画颜色编号。

BG90	BG80	BG70	BG60	BG50	BG40	BG20
CB0	CB90	CB80	CB60	CB50	CB40	CB20
V0	V1	V2	V3	V4	V5	V6
RR0	R90	R80	R60	R1	R10A	X14
S1	B1	B3	R70	B5	aA-2	B6
SFM	F30	F31	F32	F2	Y85	E2

カラーマネジメント（から一まねじめんと）　色彩管理

Color Management，同一幅图像在显示器和印刷品上呈现时会产生微小的色差。色彩管理的工作就是对此进行调整。

仮色（かりいろ）　暂定色

尚未决定角色配色时，先随便涂一种颜色以便暂时使用的配色。当角色需与背景搭配，或没来得及进行配色指定时，便会用到暂定色。

画力（がりょく）　画力

动画业内理解的"作画能力"，表达的范围相当广泛，可以理解为素描基本功，是《广辞苑》里未收录的用语。

監督（がりょく）　监督

监管、指挥全体现场工作人员，是作品的整体负责人。

か

完パケ（かんぱけ）　成品

完成版（完全パッケージ），只差进行商品化就能向大众放映的状态。

企画（きかく） 企划

（1）准备制作一部作品时，最早提出的方案。
（2）制作企划的职务。

企画書（きかくしょ） 企划书

作品创作之初的创意书。企划书旨在向赞助商及相关
制作人员传达作品的印象及内容。

き

気絶（きぜつ） 失去意识

指铅笔仍握在手中，趴倒在桌前的状态，周身弥漫着
前一秒还在绘画的氛围。当然，只是睡着了而已。

軌道（きどう） 轨道

动态的轨迹，与"运动曲线（運動曲線）"的意思
基本相同。对动画师来说可谓绘制动态的基础。另
外还需记住，有人会按照英文的说法，将"轨道"
称为弧（arc）。

キーフレーム（きーふれーむ） 关键帧

Key Frame，在一系列动画中，为动作关键点的图像。
相关解释见"逐帧作画（送り描き）"。

決め込む（きめこむ） 定案

指正式做出决定。比如一个角色的发型有几种方案
时，要根据细微条件来逐一做减法，确定最终方案。
比如"不能扎马尾，那样就戴不了头盔了"这种限制
条件。这个过程被称为"定案"。如果筛选到最终阶
段时，仍剩下几个备选方案，那就会变成"未定案"
状态。

几乎所有的动作都有着平
滑的轨道曲线

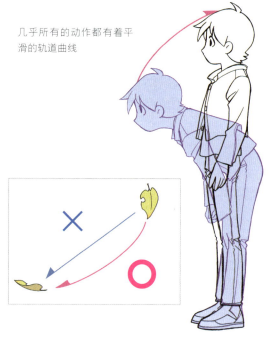

轨道正确示范

轨道错误示范

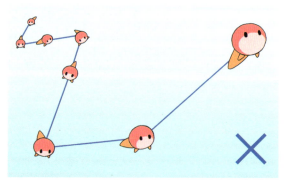

逆シート（ぎゃくしーと）　　　　　　　　　　　　律表往返

使用同样的动画模式与画面来制作往返动作。当律表上未标注"律表往返"时，要根据律表上的内容来判断动态。

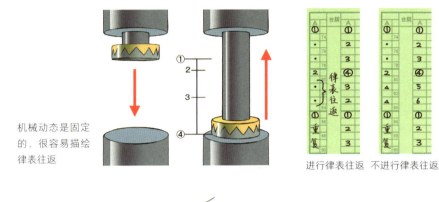

机械动态是固定的，很容易描绘律表往返

进行律表往返　不进行律表往返

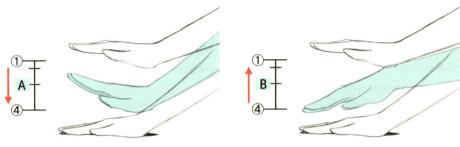

人的动作基本上很难进行律表往返…

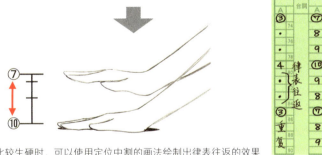

当动作比较生硬时，可以使用定位中割的画法绘制出律表往返的效果

逆パース（ぎゃくぱーす）　　　　透视反转

（1）有人将"背面描线（ウラトレス）"和透视反转混为一谈，要特别注意区分二者。

（2）也有人将透视反转理解为"角色的位置不变，仅将背景做透视反转处理"。

（3）刻意采用与原图透视翻转的方式绘画。例：将一个长方体箱子的透视进行歪曲来表达某种特殊的氛围。

这是一个定义尚未统一的动画用语。

逆ポジ（ぎゃくぽじ）　　　　位置反转

语源不详。可能源于"反转片（逆ポジフィルム）"或"反转位置（逆ポジション）"。其在动画业内可能表达两种含义，要根据实际情况灵活判断。

（1）如果分镜中仅指示"位置反转"，则表示该镜头将采用原图像水平翻转的构图。

（2）如果作画会议提到"将角色进行位置反转"，则表示A、B两个角色要交换位置。

脚本（きゃくほん）　　　　脚本

与"剧本（シナリオ）"相同。

キャステイング（きゃすていんぐ）　　　　选角

Casting，选定角色配音演员的过程。

逆光カゲ（ぎゃっこうかげ）　　　　逆光阴影

逆光状态下的阴影。除了实际产生的逆光外，也有与光源无关、纯粹想表达某种氛围而添加的逆光阴影。

キャパ（きゃぱ）　　　　能力

Capacity，可以理解为处理问题的能力。"东映[1]的能力可非同小可"，这句话指的是东映的处理能力拔群，令人艳羡。

キャラ打ち（きゃらうち）　　　　角色会议

关于角色创作的会议。导演、演出、角色设计师和相应的制片参会；此外，电视台负责人和赞助商也会视情况出席。如果玩具公司作为赞助商出席角色会议，可能会提出"让主角随身背个容易商品化的小手包怎么样"这种无视服装设计方案的建议，当然他们并无恶意。听到这话，恐怕角色设计师也只能哑然失笑道："穿着战斗服还要背小手包啊……"

キャラくずれ（きゃらくずれ）　　　　角色崩坏

角色外形崩坏到让人感到不自然的地步。

キャラクター（きゃらくたー）　　　　角色

（1）指作品中的登场人物。
（2）指登场人物的性格和特征。

キャラクター原案（きゃらくたーげんあん）　　　　角色原案

刊载在企划书中的角色形象。"尽管仍处于原案阶段，但我认为这个角色非常适合您来绘制"，制片人可能会像这样带着角色原案，委托作监和原画师参与相关工作。不过，如果角色设计师发生了变更，就有可能导致最终角色与原本设定大相径庭的情况（《Keroro军曹》[2]变成《北斗神拳》[3]都不足为奇）。在承接工作前，仔细阅读角色原案可谓至关重要。

キャラデザイン（きゃらでざいん）　　　　角色设定/角色设计师

简称人物设定、人设（キャラデ、キャラデザ）等。尽管有诸多简称，但无论怎么称呼，其都包含角色设定和角色设计师两种含义。片头播出的"角色设定"人员，实际上就是负责创作角色的工作人员。在日本的动画作品中，"角色设计师"这一工种基本属于动画师工作的一部分。

キャラ表（きゃらひょう）　　　　角色表

登场角色表的简称，日文中是"キャラクター表"的简称。与角色设定的意义一致。角色表涵盖登场人物、机械、道具等元素的基本造型设计图。然而，一般机械有机械设定，小道具也有独立的小件物品设定。

小件物品设定
魔法吊坠
对比
角色表的小件物品设定

---

[1] 1948年成立的日本动画公司，是日本动画的核心制作公司之一。宫崎骏、大家康生都曾就职于东映。东映的代表作众多，如《航海王》《龙珠》《美少女战士》等。——译者注

[2] 指吉崎观音的《Keroro军曹》。这是一部搞笑作品。主角是一只名叫Keroro的青蛙，是来自外星的侵略者，因机缘巧合在地球上展开了一系列搞笑的生活。——译者注

[3] 指原哲夫的《北斗神拳》。主角健次郎是一名拥有强大力量的超强武家。——译者注

キャラ練習（きゃられんしゅう）　　角色练习

在接手新作之际，提前做足准备工作，进行角色的模仿练习，通过临摹来领会作品独特的表现力，掌握画风的平衡。

切り返し（きりかえし）　　正反打镜头

镜头转动180°，使前后两个镜头串连成相对的整体构图，常用于两者面对面交谈的场景。

仰角对俯瞰的正反打镜头

平滑的正反打镜头

切り貼り（きりばり）　　剪贴

重新贴动画纸上方定位尺位置，或通过重贴移动下方图画的位置。

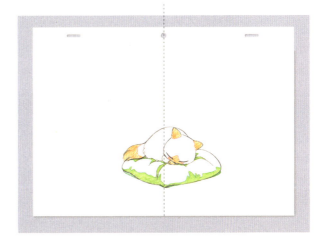

失败：画到纸张正中间的猫

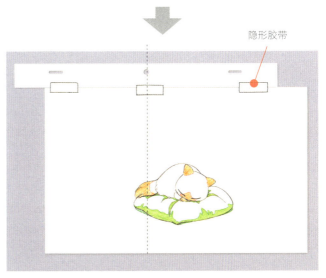

隐形胶带

通过改变定位尺的位置，让猫从画面正中间移到画面右侧。

均等割（きんとうわり） 平均中割

保持动作状态稳定，以相同的间隔进行分割。

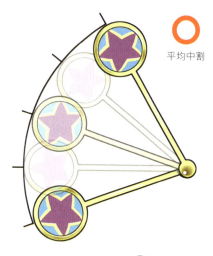

平均中割

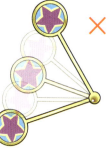

×

常见错误

如果直接对物体本身进行定位中割，就会改变其原有长度。在弧线运动中要格外留心。

クイックチェッカー（くいっくちぇっかー） Quick Checker

用摄像机对原画或动画进行拍摄，在计算机端检查动态的软件。

クール（くーる） 季

Cours（法语），放映13周的动画可按照1季制作，时长约3个月。预计播放4季的动画为1年番档期。

空気感（くうきかん） 空气感

指空气的质地、色泽等感觉。作画时，可以说画作本身散发着空气感；而在动画制作中，则指通过摄影方法让画面散发出具有空气感的氛围。近期的动画作品常常会逐张给背景和角色的图像添加空气感滤镜。

口パク（くちぱく） 口型

角色说台词时嘴部的形态。

口セル（くちせる） 口型赛璐珞

为说台词而单独绘制的嘴部赛璐珞图层。

【口型赛璐珞】

在A1赛璐珞/图层上······　　安上口型赛璐珞，大功告成

【口型】

口型①　　　　口型②　　　　口型③

闭合　　　　普通张嘴状　　　嘴巴大张

クッション（くっしょん） 缓冲

（1）指运镜的"平滑处理（フェアリング）"。

（2）在作画中指"缓冲"；而在运镜中，相同的处理方法被称作"蓄力（ため）"。例如，可以指示"这个动作在这里缓冲一下"。

（3）调节镜头用的预留缓冲画面，通常为数秒或数帧。例如，可指示"接下来要配合音乐进行剪辑，全部镜头要在开头留出6帧的预留缓冲画面"。此处的预留缓冲画面对于片头、片尾的制作是不可或缺的。

组（くみ） 组合

角色从建筑的阴影中现身之际，建筑的轮廓就需要与角色进行组合。

（1）图层组合：图层与图层的组合。

（2）BG组合：背景与图层的组合［也有Book（前景）组合］。

赛璐珞组合

动画A①

+

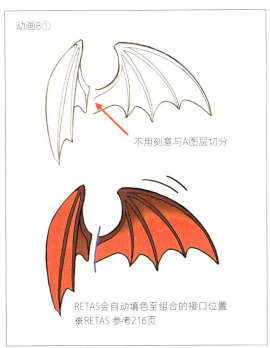

动画B①

不用刻意与A图层切分

RETAS会自动填色至组合的接口位置
※RETAS 参考216页

组線（くみせん） 组合线

图层与图层、图层与背景等画面组合处的分界线称为组合线。

原画、背景、摄影绘制的组合线未必相同，且不同的作品会采用不同的组合线。需提前对组合线进行确认。

关于组合线

动画业内对组合线的认知和操作并无差别。不过，由谁在哪个阶段进行怎样的切分，就要根据作品的具体要求来定了。不同的作品有不同的操作方法。在动画制作中，记得仔细阅读《动画注意事项》，里面会对该动画的组合方法进行详细的规定。

【赛璐珞/图层组合】

在图层和图层组合的情况下，基本不需要在动画表面绘制组合线。软件会自动将A图层及叠加的B图层进行组合。不过，如果在背面粗略画出组合线，就相当于给上色留言表示"在这里组合"，是个简单明了的指示（某些作品只需要在背面标记出非常粗略的记号即可）。

叠加两个图层

① 构图

【BG组合】

　　图层和背景组合时，摄影将背景原图与BG组合线相结合，绘制出准确的组合线路径。由于原画手绘的BG组合线与绘制精良的背景图存在些许差异，因此，在摄影阶段，需先将赛璐珞图层与背景图层重叠在一起观察效果，再对赛璐珞/图层多余的部分进行修剪，最终才能得到完美的组合成果。

　　若为图示中的情况，BG组合时，角色的手部搭在窗沿，摄影便需沿手部与连衣裙重叠的部位进行切分。若此幕中角色的手始终没动还好办，但若手部移动，则需逐张仔细修正、剪裁。亦可采用赛璐珞/图层切分处理法，将角色手部置于BG上层图层。

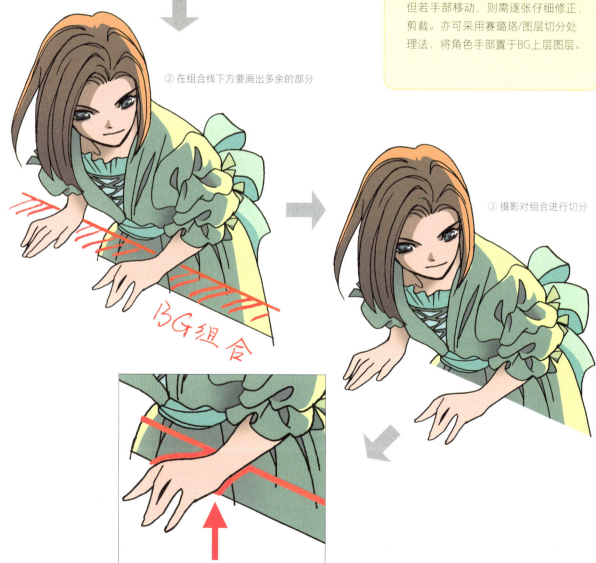

② 在组合线下方要画出多余的部分

③ 摄影对组合进行切分

④ 摄影实际勾勒的组合线

グラデーション（ぐらでーしょん）　　渐变

Gradation，基本指颜色渐变。对于赛璐珞/图层来说，直接指示"此处给个×××感觉的渐变"，上色就会按需求进行相应处理。

原画
（渐变指定）

上色

渐变处理

渐变背景

背景原图的指示

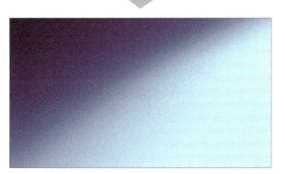

处理完成的背景

グラデーションぼけ（ぐらでーしょんぼけ）　　分层模糊

摄影用语。预制渐变蒙版，在指定部位添加高斯模糊效果。对于背景而言，可制作出近景延伸至远景，渐渐聚焦成清晰画面的效果。

原画可针对每个镜头分别给予指示，但即使未刻意标注，摄影也会处理好分层模糊。

计算机处理

① 使用After Effects
预制渐变蒙版

② 将蒙版应用于清晰的背景上

③ 背景的左下方产生了模糊效果

クリーンアップ（くりーんあっぷ）　　清稿

Clean Up，将草图中粗糙的线条修正为清晰整洁的线条。日文中简称为"クリンナップ"，是一种日式英语。

くり返し（くりかえし）　　重复

参考"Repeat（リピート）"词条（见211页）。

クレジット（くれじっと）　　制作成员

制作成员及其职务（Credit Title）的简称，包括与作品相关的全体工作人员、配音演员姓名、公司名称等信息。动画作品中，片头和片尾展示的人名和公司名称就是制作成员。

黑コマ（くろこま）/ 白コマ（しろこま）　　黑场/白场

指黑色画格和白色画格。表现爆炸效果时会使用[1]，不过TV版动画一般会禁用这种处理方法。黑场与白场的使用有严格的规定，应用时请务必查阅《动画注意事项》。

グロス出し（ぐろすだし）　　整体委托制作

指承接作品的公司将全部业务委托给其他公司。"グロス（Gross）"的意思是整体、全部。

クローズアップ（くろーずあっぷ）　　特写

Close Up，特写及大特写。其指比Up Shot（Up Size）更近的画面。

クロス透過光（くろすとうかこう）　　十字闪光

闪闪发光的十字特效。构图阶段会规定十字闪光的尺寸。也可以添加In、Out、转圈等动态。

クロッキー（くろっきー）　　速写

Croquis，快速绘制人物的素描，主要用于磨炼画功，因此并非必须用铅笔绘制。无论是签字笔、油性彩色铅笔，还是其他什么笔，想要画画时，随心所欲地挑选自己喜欢的工具就能大展身手。每个动作的速写耗时1~10分钟。

速写练习对于想练习动态的动画师来说效果显著，如果能掌握《力：动态人体写生》[2]（Force: Dynamic Life Drawing for Animators）中的画法则更会锦上添花。另外，由于"Croquis"是法语，因此英语圈的动画师听不懂这个词（有真实案例）。英语中将速写称作Drawing，将人体素描称作Life Drawing。

劇場用（げきじょうよう）　　剧场版

在影院上映的作品，也就是电影。

【十字闪光】

案例①

案例②

闪光——In→Out

闪光~转圈圈

---

[1] 在画面中插入一两帧纯白、纯黑的画面会显得过于突兀，因此有时会添加一些噪点、渐变，或扭曲、闪烁等特效来让画面显得更自然。黑格、白格可以让观众警觉，也可以用来传达特定的情感，比如突如其来的黑格可以表达恐惧、绝望等。——译者注

[2] 本书介绍了把握人体动态姿势，从而提高人物素描能力的技巧。作者迈克尔·D.马特斯（Michael D. Mattesi）是一名知名动画师、漫画家。——译者注

消し込み（けしこみ）　　　消去

在雪地漫步的人身后会留下踩雪的足迹，此时就可用"消去"进行足迹制作。实际上，制作方法并非增加足迹，而是先将所有足迹绘于一张绘图纸上，再按照人物的脚步顺序和位置，通过摄影手法和遮罩效果，仅展示观众所需要看到的部分足迹。

"消去"这种说法源于赛璐珞年代，摄影会通过反向拍摄（逆撮/ぎゃくさつ）胶片的手法，人工"擦除"应当消去的痕迹。

消去 案例①

け

消去本身并没有统一的指令，根据镜头本身写出简单明了的指示即可

摄影指定

消去 案例②

① 先画好一张完成图

② 计算动态的轨迹，指定消去路径

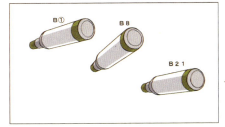

③ 仅制作记号笔的动态即可

④ 完成画面-1

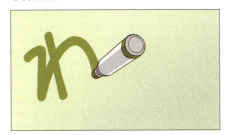

⑤ 完成画面-8

⑥ 完成画面-21

摄影指定

ゲタをはかせる（げたをはかせる）　　　垫高

画面中如有两个身高差显著的角色进行对话，在无法看到角色脚部的情况下，可在矮小的　方脚下垫上物体，把该角色抬高进行作画。可以指示"稍微垫高些吧？"。角色一经垫高，就能更自如地施展演技；此外，垫高可以让整体构图更显平衡。不过要特别注意，在角色行走等移动的情况下，垫高可能会使动作略显不协调。

过去被称为"抬高（せつしゆする[1]）"。

希望画面能展现出起码这种程度的平衡感

但两个人的身高其实差这么多

这种时候就不得不垫高了

決定稿（けっていこう）　　　定稿

经过无数次修改，最终拍板的原稿。一旦"定稿"，就基本不会再修改了。后续工作需参考定稿来推进。脚本和角色设计也属于"定稿"。

欠番（けつばん）　　　缺号

本应从①开始按顺序递增的镜头编号、动画编号等素材中"缺失"[2]的编号。

为便于查阅者清晰地理解情况，需要备注上"A-28缺号"这样的明确信息。

原画（げんが）　　　原画

（1）动态中关键的图像。

（2）依据分镜设计画面、根据演出要求来绘制动态和演技的动画师。原画工作涵盖画面布局（构图）、运镜、特效，从画面处理到工作效率都要事无巨细地考虑，并给出明确指示。因此，除了过硬的画功，还需要能深刻理解现场各工种的职责及运作方式。这是一项对才华和综合能力有着极高要求的高难度工作。

---

[1] 是一种较为老旧的说法，源于日本歌舞伎、能剧等传统戏剧，意思是通过垫脚、垫高等方式改变人物的身高和姿态，以适应不同角色和场景的要求；在动画制作中，则是指在绘制角色时，将角色的身高调高。——译者注

[2] 缺号会导致Cut编号不连贯。这可能是因为某个或多个Cut被删除、合并、重新安排；可能是调整者故意预留出空间，以便后期调整；也可能是在前期的脚本、分镜等制作环节中进行了更改。——译者注

【原图】

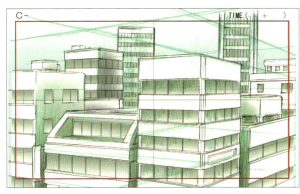

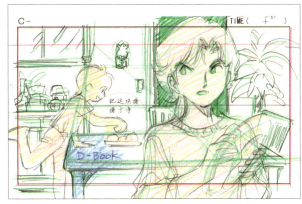

原撮（げんさつ）　　　　　　　　　　　原摄

原画拍摄、原画摄影。
指到了配音阶段依然没有完成最终画面，只能用原画摄影的版本来供配音使用，是一种迫不得已的非常手段。

原图（げんず）　　　　　　　　　　　　原图

"背景原图"的简称，是绘制背景时所参考的原图。
有时会直接使用原画绘制的构图，有时则由美术监督参考构图，重新进行绘制。

原トレ（げんとれ）　　　　　　　　　原画描摹

"原画トレス（Trace）"的简称，与原画清稿（原画クリーンアップ）、原画润色（原画清书）意思基本相同。

兼用（けんよう）　　　　　　　　　　　兼用

指将某镜头中的动画或背景等素材直接套用于另一镜头中。

效果音（こうかおん）　　　　　　　　　音效

参考"SE"词条（见97页）。

【原画描摹】

広角（こうかく） 广角

通过广角镜头拍摄的画面。举个典型案例，旅馆客房的示意图中，如果床看起来长达5米，那么极大可能是通过广角镜头拍摄的。

作画会议会给出诸如"这个镜头用广角加仰角来拍"的指示。画面的距离一旦拉长，透视感就会更加强烈。如想查阅更多实际画面的效果，可以阅读摄影杂志上有关长焦对广角的文章，很快就能理解了。

标准镜头画面 　狐面人背靠墙壁

 广角镜头画面 　从同样的距离，通过广角镜头拍摄会变成这样

手臂回缩的状态

手臂回缩的状态

手臂前伸的状态

手臂前伸的状态

处于室内时

标准镜头下的画面。看不到侧面的墙壁或天花板

通过广角镜头从同样距离所拍摄的画面。拍摄到的范围更广，且透视感更为强烈，远近感明显

合成（こうせい）　　　　　　　合成

将不动的部分称作合成的"亲代"、会动的部分称作"子代"，分别在不同的纸上绘制动画，在上色阶段将两者合并到同一张赛璐珞/图层上的画法称作"合成"。有面合成（叠加合成/かぶせ合成）、线合成等不同的合成方式。不同的动画制作公司对每部作品的合成方式有特殊要求，需要仔细阅读《动画注意事项》来确认合成方式。

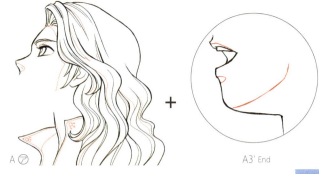

A⑦　　　　　　　　　　A3' End

线合成

合成后的画面

完成

合成传票	C‑ 240		
合成·亲代 +	合成·子代	=	图层编号
A⑦ +	A①'	=	A①
" +	A2'	=	A2
" +	A3' END	=	A3 END

合成记录单

A①'

A2'

面合成

A①
闭着嘴

A2'

A2
微张嘴

A3' End

A3 End
张着嘴

※ "面合成"是将本来应于其他图层绘制的口型（口パク）当成了合成的一部分，以强行减少动画的张数。如处于原画阶段，还是安排在其他图层绘制比较好。

143

合成伝票（ごうせいでんぴょう） 合成记录单

通过动画编号指定合成中各元素组合方式的记录单。

合成传票	C- 240	
合成·亲代 +	合成·子代 =	图层编号
A ⑦ +A ①'	=	A ①
" +A 2'	=	A 2
" +A 3' END	=	A 3 END
+	=	
+	=	
+	=	
+	=	
+	=	
+	=	
+	=	
+	=	
+	=	
+	=	
+	=	
+	=	

合成记录单（详见本书附录）

香盤表（こうばんひょう） 制片规划表

各场景中角色所穿的服装、配置的装备，以及舞台地点和时间等信息的一览表。

コスチューム（こすちゅーむ） 服装

Costume，指服装。

ゴースト（ごーすと） 鬼影光斑

在拍摄日光等光源的实景时，画面中可能会出现一排圆形或多边形的光斑，这种现象称为鬼影光斑或幽灵光斑。在动画制作中，如想要表现盛夏的烈日等场景，制作组会制作鬼影光斑的CG素材，并应用于相应片段中。

コピー＆ペースト（こぴーあんどぺーすと） 复制＆粘贴

Copy & Paste，从作画角度而言，对角色进行复制、粘贴可以增加人群场景中的人数，减少需要绘制的张数。如有特殊需求，可由原画师来指定增加人物的位置和数量，不过一般交给CG和摄影即可。

コピー原版（こぴーげんぱん） 复印用稿

复印分镜、设定等材料时，如果直接复印原稿会造成原稿损耗。为防止这种情况发生，会将状态良好的影印版本作为复印用稿。通常情况下，发给各工种的原稿复印件都源于复印用稿。

【鬼影光斑】

こぼす（こぼす）　　　　　　　　　　　　　　台词跨镜

镜头结束，切换至下一个镜头，而角色的台词尚未说完，顺延至下个镜头中继续叙述的演出手法。与"台词先行（セリフ先行）"相反。

镜头	画面	内容	台词	秒数
248		阴暗的客厅 烛光 台词跨镜	女主人 "没错…… 那是去年	3+0
249		夜空 空中宛如卷起飓风 云层迅速飘动 台 2毫米1K	某个夏夜的故事"	3+12

コマ（こま）　　　　　　　　　　　　　　画格

原指胶片中一个个的画格。1K＝1画格＝1帧画面。

コンテ（こんて）　　　　　　　　　　　　分镜

日文"絵コンテ"的简称。

コンテ打ち（こんてうち）　　　　　　　分镜会议

委托分镜制作时召开的会议，也可称作"分镜委托（コンテ出し）"。会议从说明作品的世界观开始。导演会向相应的分镜负责人阐明作品的具体要求，比如"这部动画里要多用些仰角"。参会者有导演、各集分镜负责人、相应的制片。

コンテ出し（こんてだし）　　　　　　　分镜委托

委托各集负责分镜的演出来绘制分镜。不进行分镜委托，就没人去画分镜；没有分镜，作画便无从谈起，工作会变得一团糟！为了避免这种混乱的局面，制片要尽可能迅速地开展分镜委托。

コマ落とし的（こまおとしてき）　　　跳帧速现手法

指处理成跳帧或省略帧的效果，让画面展现出快进般的动态。例如，想让角色3秒就收拾好房间就可以应用这种手法。

【跳帧速现手法】

ゴンドラ（ごんどら）　　　　悬挂式多层摄影台

（1）指采用悬挂式多层摄影台的拍摄方法。

（2）在摄影台时代，悬挂在摄影机下方的多层摄影台。悬挂台用于放置画面前景的图像。

"悬挂T.U"指的是通过摄影机连带悬挂台上的图像逐渐靠近下层图画，从而在悬挂的前景图和置于下层的图像间实现多层摄影的拍摄方法。尽管摄影台现已停用，但这种摄影效果依然被称作"悬挂式多层摄影效果"。

コンポジット（こんぽじっと）　　　　合成

（1）Composite，指数码合成，也就是摄影。Composite=摄影者。

（2）将多个素材（作画、背景等）相结合的合成过程。

【关于悬挂式多层摄影效果】

● 悬挂素材　　　　　　　　　　　　构图 背景、A图层

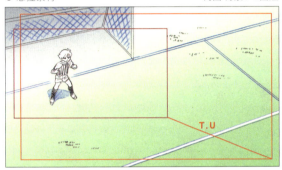

构图 B图层

● 完成画面

↑足球焦点模糊

描绘出旋转的足球向角色逼近的紧迫画面

彩色（さいしき）　　　　　　　PC上色

通过计算机对动画进行着色的工作。工作流程为：动画（手绘图像）→扫描（PC数据化）→二值化→PC上色（填色工具）。

彩度（さいど）　　　　　　　色彩鲜艳程度

色彩的强度及其鲜艳程度。

作打ち（さくうち）　　　　　　作画会议

作画策划会议（作画打ち合わせ）的简称，是针对原画工作的碰头会，是一场至关重要的会议。会上导演或负责的演出会向原画师说明每个镜头的内容。演出、作监、原画师、相应的制片都会出席。根据作品的需求，动画检查和动画制作也有可能出席。

作画（さくが）　　　　　　　作画

作画监督、原画师、动画师等动画工种的统称。

さ

【彩度】

分不清色彩鲜艳程度和明度的话，可以简单地把高色彩鲜艳程度理解成「鲜艳」的那个。

高明度　　　　　　高彩度　　　　　　低明度、低彩度

作画监督（さくがかんとく） 作画监督

简称"作监"，是整部作品和负责集数的作画负责人，负责对原画进行修止，提升图像和动态的水平，确保作画品质；还肩负着统一角色外形的重任。

- 总作画监督：在TV动画制作中，负责监修各集作监的成品；在剧场版动画制作中，则负责监修数名作监的成品。
- 各集作监：在TV动画和DVD系列作品中担任各集作画监督的人员。
- 构图作监：担任画面设计的作监，亦称作"构图检查（レイアウトチェック）"。
- 机械作监：仅负责机械，或同时负责机械与爆炸等内容的作监。

以追求效率为目的，根据不同作品特性和制作班底擅长的领域进行分工，故并无明确规定须配置哪种作监。作监本身非固定工种，而是动画师工作中的一环。

【作画监督】

在作品A中
我负责角色设计和作监。

在作品B中
我负责原画和作监。

在作品C中
我参加原画的工作。

在作品D中
我只参与构图环节。

差し替え（さしかえ） 替换

将预演素材中线稿摄影的部分换成上色后的动画素材；或指修正镜头完成修正后，对原影像中的片段进行替换。在作品完成前夕，大家乱成一团，现场可能会频频传来类似这样的对话："×××场景的替换完了吗？""马上马上！"

撮入れ（さついれ） 摄影交付

将收集整理好的镜头数据交付给摄影部门。同时，也会将镜头素材袋一并交付。同时提供电子与实体镜头素材袋的理由如下。

- "转移实体物品"的形式便于工作流程管理。
- 摄影指示难免存在疏漏之处，因此工作时可以参考原画进行二次确认。
- 非常细小的摄影指示未必会被扫描到。

摄影交付必不可少的内容有构图、律表、上色数据和背景数据，其中构图和赛璐珞/图层均使用.tga格式文档，包括BG、Book等复数图层在内的背景素材则使用Photoshop专属格式文档交付。

相关用语为"摄影交付检查（撮出し）"。

撮影（さつえい） 摄影

对上色和背景稿的确定版素材，根据律表编排镜头、增加特效，最终组合成动画画面的工种。

撮影打ち（さつえいうち） 摄影会议

与摄影相关的会议。导演、演出、摄影监督及相应的制片出席。

撮影監督（さつえいかんとく） 摄影监督

一部动画作品中摄影部门的负责人。

总而言之，根据作品不同，动画师可能会担任作监，也可能只负责原画或构图。

撮影效果（さつえいこうか）　　　　　摄影效果

在摄影阶段应用的特效，如多重曝光（ダブラシ）、叠加拍摄（スーパー）、透射光（透過光）、波纹（波ガラス）等。

撮影指定（さつえいしてい）　　　　　摄影指定

（1）指定摄影效果与运镜方式。构图和律表中会标注好相应指示，亦被称作"运镜（カメラワーク）"。例：T.B、T.U Pan、多层摄影、残影。

（2）也指代图解摄影细则的那张纸，其也被称作"运镜（カメラワーク）"纸。

作监（さっかん）　　　　　　　　　　作监

"作画监督"的简称。

作监補（さっかんほ）　　　　　　　　副作监

"辅助作画监督"的简称，主要根据作监的指示，负责相对耗时的原画修正工作。

作监修正（さっかんしゆうせい）　　　作监修正

作画监督为提升作品中图像和动态的水准、统一角色的形象和风格，将一张纸垫在原画上绘制的修正图像。

撮出し（さつだし）　　　　　　　　　摄影交付检查

日文中"撮影出し"的简称，指的是在交付前确认摄影素材是否正确且完整的工作，现已不再执行。不过，如果遇到对画面处理特别讲究的导演，也会在这个环节加上摄影效果、材质等细致入微的指示。

相关用语为"摄影交付（撮入れ）"。

サブタイトル（さぶたいとる）　　　　副标题

Subtitle，作品的副标题。日文简称为"サブタイ"。

例：《星球大战》《帝国反击战》

主标题/ Main Title　副标题/ Subtitle

摄影工作流程

- 摄影查收镜头素材袋。
- 从公司内网服务器上查收整理好的构图、背景、图层等数据。
- 输入律表。
- 根据构图的指示来构成画面。
- 将图层与背景进行组合，添加光晕或滤镜特效等。
- 进行渲染（输出）。

摄影数据成品的格式

现在基本不再使用HDCAM、Digibe[1]格式交付，主流交付格式是QuickTime（QT数据），具体转换格式因视频编辑公司而异。因此，目前不再使用统一的交付方案。此外，摄影数据的主流传输方式为通过FTP（文件传输协议）传输。

さ

【作监修正】

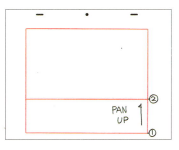

【摄影指定】

---

[1] Digital Betacam，亦作"DigiBeta""デジベ（Digibe）"，是索尼公司推出的一种标准清晰度的数字录像格式。HDCAM则是索尼公司推出的高清数字录像格式。——译者注

サブリナ（さぶりな） 快速闪现

日文中"サブリミナル（Subliminal）"的简称。根据不同的表现方法，如"闪光"等处理，以一格（1/24秒）的速率将过度曝光的画面反复插入影片中的手法。

サブリミナル（さぶりみなる） 潜意识植入

Subliminal ad（サブリミナル·アド），指潜意识植入广告。由于闪现过快，观众的肉眼难以识别广告内容，但潜意识会接受这样反复插播1帧画面的信息。如果看到图示中的画面，或许会莫名产生"好想吃苹果"的念头；不过也有意见表示此举无效。

【潜意识植入的效果】

※知觉阈值（｜しきいき｜）：心理学术语。指意识开始发挥作用与意识消失状态之间的界限。所谓"在知觉阈值下的认知"，指的是"虽未意识到，不过眼睛看到了"这种（不自觉的）意识作用。可以理解为"无意识的认知"。

サムネイル（さむねいる） 缩略图

Thumbnail，直译为"拇指的指甲盖"（大小），指为动作设计而绘制的一系列连续小图。与海外公司合作时，律表的"台词"栏中绘制的图像也是缩略图。

サントラ（さんとら） 原声带

日文中"サウンドトラック"的简称，指将作品中使用的音乐制作成CD等形式的成品。

仕上（しあげ） 上色

作为工种来讲，指通过计算机给作品上色的人员。
从工作流程来讲，指配色指定、扫描、PC上色、特效、图层检查等与上色流程相关的工作。
日本动画业内将上色写作"仕上"，读作"しあげ"。虽然正确的写法是"仕上げ"，但大抵是由于书写太过麻烦，所以简化了。虽然"仕上"从日语语法上讲是错的，但确实是沿用至今的写法。

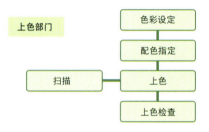

仕上検査（しあげけんさ） 上色检查

检查上色后的图像，查看是否有错涂或漏涂的部位。也指担任此职务的人员，亦称作"赛璐珞色彩检查（セル检）"。

色彩設定（しきさいせってい） 色彩设定

根据不同场景，对图层中的颜色进行设计和调整（Design & Coordinate）的工作，亦作"色彩设计（色彩设计）"。本书为配合"角色设定""美术设定"等说法，在此处选用了"色彩设定"。相关用语为"配色指定（色指定）"。

【缩略图】

下書き（したがき）　　　　　　　　底稿

清稿前，已绘制了一定细节的底稿。

実線（じっせん）　　　　　　　　　实线

动画制作中，用黑色铅笔勾勒的线条。扫描后会显示为主要线条图层。

下タップ（したたっぷ）　　　　下方定位尺

指将定位尺孔置于下方作画。通常会将定位尺置于上方。

シート（しーと）　　　　　　　　　律表

Sheet，时间律表（タイムシート）的简称。在日文中被称作"摄影记录单（撮影伝票）"。律表中将1秒分成了24格。

记载了赛璐珞/图层、运镜、摄影特效等信息。动画师和上色人员都需要查阅律表来工作，摄影也要边对照律表边完成摄影任务。日本动画制作通常使用6秒律表，也可能使用3秒律表。

し

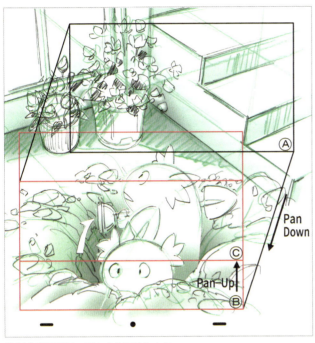

绘制此类画面时，下方定位尺较为方便

迪士尼一般采用下方定位尺作画

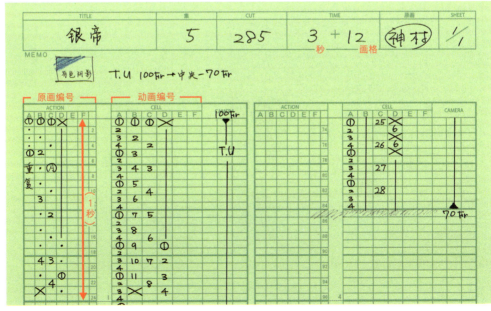

【律表】
（详见本书附录）

シナリオ（しなりお） 脚本

Scenario，外来语，与日文汉字词"脚本（きゃくほん）"同义。脚本用于说明故事的发展过程，交代各个场景戏份，并简要描述人物台词。脚本与小说有别，不拘泥于用语、语感、文体，也不会触及更深层次的心理描写，可以说脚本具有独有的创作方法。小说的撰写方式不拘一格，百花齐放；而脚本创作遵循一定惯例，但也无绝对的规则。

シナリオ会議（しなりおかいぎ） 脚本会议

研讨脚本的会议。TV动画的脚本会议可能会在电视台召开。导演、脚本师、制片人、电视台负责人等出席。

シノプシス（しのぷしす） 大纲

Synopsis，故事的梗概。"因为所以、总而言之、这样那样"的简略描写，并不需要字斟句酌地写出整部作品的剧情。

〆／締め（しめ） 期限

账单的提交期限。

ジャギー（じゃぎー） 锯齿

Jaggy，数码绘图中可见的锯齿状线条。

尺（しゃく） 时长

指作品的时长。在制作特别节目、确定预算和日程之际，常会听到"时长还没定，现在都还不好说啊"的说法。

写真用接着剂 照片黏着剂
（しゃしんようせっちゃくざい）

作画时粘贴纸张用的黏着剂。即便晾干了，纸张也不会出现褶皱。大冢康生老师在《未来少年柯南》[1]（未来少年コナン）的制作中首次使用。现在业内多使用隐形胶带（メンディングテープ），鲜有人用黏着剂。

ジャンプSL（じゃんぷすらいど） 跳跃SL

Jump SL，一种滑推步行的原画绘制方法。一般会先画出角色走两步的张数（例：3K的动画合计9张），制作步行动画，每走两步，再移动定位尺继续摄影。

由于动画制作人员对滑推（跟随）步行的知识较为匮乏，业内存在着大量奇奇怪怪的走路动画，原画师在疯狂修改、濒临崩溃之际，研发了"跳跃SL"的作画方法。虽然原画师的工作量增加了，但令人欣慰的是其效果十分优秀。亦被称作"跳跃定位孔滑推（ジャンプ・タップ・スライド）"或"两步滑推（二歩ごとのスライド）"。

有锯齿

无锯齿

[1] 1978年，宫崎骏首次担任导演的动画作品。大冢康生任作画监督。——译者注

【跳跃SL】

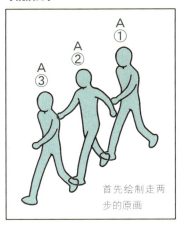

首先绘制走两步的原画

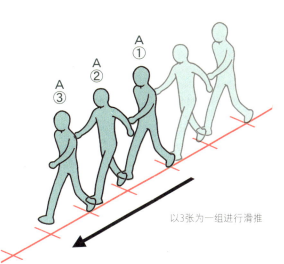

以3张为一组进行滑推

集計表（しゅうけいひょう）　汇总表

汇总整部作品或各集工作进展情况的表格。可以使用公司提供的模板，也可以由相应的制片来制作。从汇总表中能清晰地看到镜头目前在谁手上，以及总共有多少张等信息。在截稿日期逼近的日子里，作监和导演每天都会收到这张表。可以说汇总表最大的作用就是催促他们赶紧拿出成品。

作品名称	友邻的生活大冒险		集数7		日期	2009年5月30日
监督	青山诚		CT		6月20日	
作监	神村幸子		AR		6月24日	
动画检察	铃木美穗		DB		6月24日	
进行	霍山进		V 编		6月31日	
总镜头数	312	张	BANK		0	张
作画镜头数	309	张	DN		0	张
预期张数	4200	张	CG ONLY		0	张
缺号	3	张	BG ONLY		5	张
总作监镜头数	312	张				

		持有	提交	R	刹余	提交张数
构图	提交LO		0		309	
	演出UP		0		309	
	作监UP		0		309	
原画	提交原画	71	0		71	4076 张
	演出UP	10	228		81	
	作监UP	21	207		102	

		IN	UP	R	刹余	张数
动画	动画	207	189	0	120	张
	动画检查	189	180	0	129	张
上色	配色制定	180	180	×	129	张
	上色	180	152	0	157	张
	上色检查	152	141	0	168	张
	特效	32	24	0	▽	张
背景	原图IN	312	275	0	37	
	BGUP	275	112	0	163	
	美术监督UP	112	112	0	163	
	演出UP	112	112	0	163	
摄影	CT用摄影	0	0		0	
	DB用摄影	0	0		0	
	实际摄影	0	0		312	

	总张数	平均张数	预期张数
原画UP张	4076	17	5253
原画演检后			
原画作监后			

制片开始发放汇总表，就意味着已经没有时间磨蹭了。

修正集（しゅうせいしゅう）　修正集

原画修正合集的复印件，内容包括追加的角色表情设定、姿势设定等；此外，如果作品长期连载，即便主笔的动画师不变，角色也会多少偏离初始设定，因此修正集会作为最新版的角色参考发给原画。

修正用纸（しゅうせいようし）　修正纸

作画监督用于修正的纸张。有黄色、粉色等颜色，是一种很薄的纸。演出也使用修正纸工作。

修正纸
动画纸
柠檬黄
浅葱绿
樱花粉

您用什么颜色的修正纸呢？

什么颜色都成，看还剩下哪种颜色吧。

毫无讲究

讲究人

浅葱绿。

準組（じゅんくみ）　　　　粗略组合

比 "BG组合" 要求更粗略的组合。更随意一点的话则被称作 "超粗略组合（準々组）"。

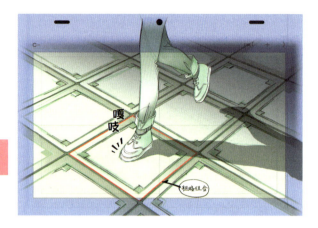

準備稿（じゅんびこう）　　　　暂定稿

定稿阶段之前的稿件。有时，根据工作进程能推算出导演还要花上大量的时间检查，定稿一时半会肯定出不来。这种情况下，就会将暂定稿发给相关工作人员作为临时的参考依据。

上下動（じょうげどう）　　　　上下移动

角色步行或奔跑时，头部（身体）位置上下移动的状态。要根据角色自身情况、演技细节、角色与整体画面的比例等信息，对上下移动的幅度进行相应调整。

上下動指定（じょうげどうしてい）　　上下移动指示

对步行或跑步的角色进行跟随拍摄的便利技法。在角色近景镜头的跑步跟随拍摄中，常使用8字绘画指示。

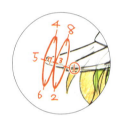

跑步跟随拍摄经常使用的8字上下移动指示

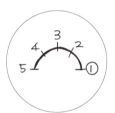

步行常见的上下移动指示

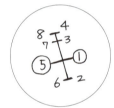

跑步跟随拍摄的上下移动指示

【上下移动指示】

消失点（しょうしつてん）　　　　消失点

透视法相关术语，指图中线条汇聚于一点，亦称
"Vanishing Point（バニシングポイント）"，构图
中标记为缩写"VP"。

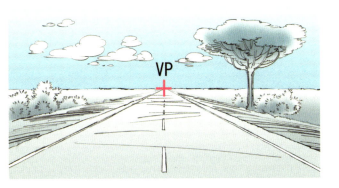

初号（しょごう）　　　　　　　第1版

制作完成的第一份实体版。

ショット（しょっと）　　　（拍摄）镜头/Shot

（1）影像术语中，指细分后的各个画面［在同一个
　　　Cut（镜头）里，一旦产生运镜，就会存在多个
　　　Shot］；但动画制作无法实现实景拍摄，因此
　　　不能理解为画面。
（2）动画制作中的"Shot"指角色画面的尺寸。
　　　例：远景镜头（Long Shot）、中景镜头
　　　（Medium Shot）、特写镜头（Up Shot）。

白コマ（しろこま）/
黒コマ（くろこま）　　　　　　白场/黑场

参考"黑场/白场（黒コマ/白コマ）"词条（见138页）。

白箱（しろばこ）　　　　　　　　白箱

非售卖品版本的成品DVD，发给参与制作的工作人
员，以表示"大功告成啦！"。从前，它还是一种
"放在白色小箱子里的录像带"，不过现在已经变成
光盘了，看起来与"白箱"这一称呼相去甚远。

【（拍摄）镜头的种类】

特写镜头

近景镜头

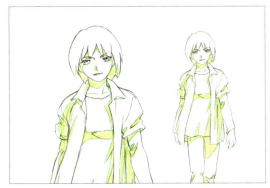

中景镜头

全景镜头

シーン（しーん） 场

多个镜头构成的场面。

白味（しろみ） 空白画面

指工作没来得及完成，放映出了空空如也的空白画面。

新作（しんさく） 新作

（1）应用Bank（复用画面素材库）和兼用镜头时，额外绘制的新图像。
（2）非兼用、完全重新绘制的镜头。

巣（す） 筑巢

携生活用品（脸盆、锅、晾衣架等）和睡袋（或毛毯、被子、枕头等）至公司，将自己的办公桌附近布置成可过夜的环境和状态。神不知鬼不觉地筑起巢来，在桌子底下进入梦乡。绝非强制执行。从个人视角来看，可能跟集体露营差不多，但随着带来的东西越积越多，会给附近工位的同事添很多麻烦。
也被称为"长在公司了"。

スキャナタップ 扫描用定位尺
（すきゃなたっぷ）

置于扫描仪内部也不会影响扫描的薄片定位尺。凸起部分设计得相当低，因此无法作为作画用定位尺使用，购买时要多多留意。

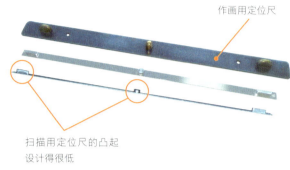

作画用定位尺

扫描用定位尺的凸起设计得很低

スキャン（すきゃん） 扫描

Scan，指扫描动画和构图等图像材料。扫描1张动画相关素材的价格约为40日元（约为2元）。

スキャン解像度 扫描分辨率
（すきゃんかいぞうど）

TV版上色的扫描分辨率是144dpi，剧场版则为200dpi左右，数码绘画也是相同的。分辨率确实低了一些，但考虑到上色的工作难度和软件性能的极限，这也是不得已之选。

スキャンフレーム（すきゃんふれーむ） 扫描框

Scan Frame，扫描器所能读取到的全部范围。动画制作中绘制图像时，范围要大于扫描框的尺寸。
在构图纸上，有时会用虚线在100Fr.外的部位标记出范围。

スケジュール表（すけじゅーるひょう） 日程表

整体工作流程的日程表，从各项会议开始至工作完成的一览表。

スケッチ（すけっち） 素描

Sketch，与"速写（クロッキー）"类似。一般来讲，日本将写生称作"素描"。另外，简单勾勒几笔的画法也被称为"素描"。

スタンダード（すたんだーど）　标准用纸

Standaro，标准尺寸的动画纸。目前TV版动画制作中使用的动画纸多为A4尺寸。

スチール（すちーる）　静态画

Still，宣传用的静态图，区别于动画宣传放映前发布的主视觉海报，多为充满作品风格和氛围的场景图。

ストップウォッチ（すとっぷうぉっち）　秒表

Stop Watch，绘制原画时，必须把握呈现演技和动态的时机，因此测算台词的时长和空当至关重要。

ストップモーション（すとっぷもーしょん）　定格动画

Stop Motion，静态画，指动作中途暂停的画面。

ストレッチ＆スクワッシュ（すとれっちあんどすくわっしゅ）　拉伸＆挤压

指Stretch（拉伸）和Squash（挤压），是动画制作中最基本的技巧。

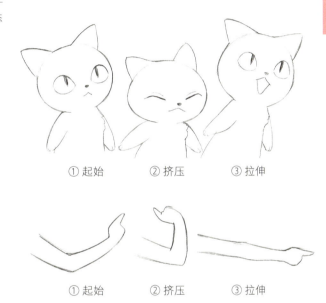

①起始　②挤压　③拉伸

①起始　②挤压　③拉伸

ストーリーボード（すとーりーぼーど）　分镜

Story Boards，即日文中的"絵コンテ"。请留意，日本也有人称之为"Imgae Boards（イメージボード）"。其实两者的意思不同，大抵是由于该用语传入日本本土后意思发生了变化。

素撮り（すどり）　纯摄影

摄影用语，指仅根据律表进行基本拍摄，不做任何额外处理，不套滤镜，也不加渐变。由于画面过于朴素，现已基本无人使用。提交纯摄影的话恐怕会被退回修正。

【日程表】《友邻的生活大冒险》日程表

集数	放映日期	分镜	原画Up	动画Up	上色Up	背景Up	摄影Up	编辑	AR·DB	交付
1	4月 5日	1/7	2/10	2/18	2/20	2/20	2/25	2/29	3/1	3/8
2	4月12日	1/14	2/17	2/25	2/27	2/27	3/3	3/7	3/8	3/15
3	4月19日	1/21	2/24	3/3	3/5	3/5	3/10	3/14	3/15	3/22
4	4月26日	1/28	3/2	3/10	3/12	3/12	3/17	3/21	3/22	3/29
5	5月 3日	2/4	3/9	3/17	3/19	3/19	3/24	3/28	3/29	4/5
6	5月10日	2/11	3/16	3/24	3/26	3/26	3/31	4/4	4/5	4/12

す

ストロボ（すとろぼ）　　　　　残影

多重曝光摄影的一种。通过短而快的连续O.L（叠化）串联一系列动画，使画面呈现一连串残影的动态效果。

多为8格，但并不绝对

残影看起来是图示中的效果
（实际上不可能呈现出这样的画面）

スーパー（すーぱー）　　　　　叠加拍摄

Super Impose，日文中"スーパーインポーズ"的简称，指多重曝光、双重曝光。这是在胶片时代用于展示光和白色文字的手法。有说法认为其来源于登场人物介绍等场合使用的白字。

スポッティング（すぽってぃんぐ）　　　校准

Spotting，日文的写法是"音图"。在动画制作中，指将音乐和图像的动态相匹配。配合音乐制作画面时需要参照一张名为"音画校准表（スポッティングシート）"的表格，表中记录着音乐的旋律、音调特征，以及音量大小等信息。

スライド（すらいど）　　　　　滑推

Slide，指拉动图层和背景，也就是所谓的"拉动平移（引き）"，小作"SL"。

滑推的指示方法

摄影监督讲述的"滑推指示法"。

在需要滑推的角色、物体的轮廓处标记①→②。
作监的困扰之处在于，经其手修正的画面应如何处理滑推的指示。我们就此向摄影监督进行了确认。
原画描绘的轮廓只是个大概。若作监修正的幅度不大，则不影响原滑推指示。不过，如果修正幅度过大或需要精准对接位置，则宜重新撰写滑推指示。——这便是要点。

处理"滑推步行"等效果时，摄影很难直观地理解以毫米为单位的"毫米/K"指示。因此，最好的方式是在轮廓处简单地标记出起始位置和结束位置，不需要标记中间张。

如果必须以角色的脚落地的位置作为提示，那么仅画出脚部，并标记好刻度就可以了，这也不失为一种高效的处理方法。

制作（せいさく）　　　　　　　　　　　　制作

（1）制片，即负责管理制作流程的工作人员。
（2）制作部门的总称，包括制片人、制片主管、制
　　　片、设定制作管理、制作事务等职务。
（3）指制作作品。

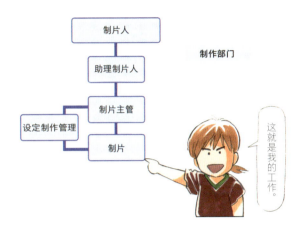

制片人

助理制片人

制片主管　　　　　　　制作部门

设定制作管理

制片

这就是我的工作。

制作会社（せいさくがいしゃ）　　　　　制作公司

实际承接动画制作工作，或为动画制作承担责任的
公司。

制作進行（せいさくしんこう）　　　　　　制片

亦称"制作（制作）"或"进程管理（进行）"，在
动画制作中，负责管理各集或全体工作日程与进度。
制片要跨越重重阻碍，想方设法地协调各部门有条不
紊地工作，保障业务进程稳步推进。

制作デスク（せいさくですく）　　　　制片主管

制片的负责人，各集制片的汇报对象，负责对每一集
的日程表进行调整。

制作七つ道具（せいさくななつどうぐ）　制作七件套

制片必备的工作道具套装，含驾驶证、镜头计划表、
洗浴用品等。详见第3章的图解。

声優（せいゆう）　　　　　　　　　配音演员[1]

为角色配音的表演者。

セカンダリーアクション
（せかんだりーあくしょん）　　　　　　次级动作

Secondary Action，随着主要动作[2]的结束，随即开
始的动作被称为次级动作。比如，人在投掷物品时，
其实不是大多数人想象中的手部先动，而是先抬高肘
部，之后手部才随之活动，投掷的动作方才展开。
在这个例子中，手部动作就是次级动作。将"次级动
作"解读成"有意识的动作"会更容易理解。而随着
主要动作发生，无意识的机械性动作则被称为"跟随
动作（フォロースルー）"，这对动画师来说是一种
非常关键的动态。

設定制作（せっていせいさく）　　　设定制作管理

负责设定的委托制作、管理，以及资料收集等相关工
作的人员，在设定稿较多的作品和剧场版动画作品中
会设置此职务。多为实习演出的工作内容。

セル（せる）　　　　　　　　　　赛璐珞/图层

赛璐珞是由醋酸酯材料制成的透明胶片，过去使用的
赛璐珞胶片则被称为"赛璐珞片"。因此，如今的日
本商业动画依然被称作"赛璐珞动画"。

セル入れ替え（せる）　　　　　赛璐珞/图层替换

指同一个镜头中，因角色的位置关系等原因而调换图
层顺序。

セル重ね（せるがさね）　　　　赛璐珞/图层顺序

赛璐珞（动画）的叠加顺序。通常按照字母表，将最
下方的图层称为"图层A（Aセル）"。

セル組（せるくみ）　　　　　　赛璐珞/图层组合

图层与图层的组合，参考"组合线（组线）"词条
（见135页）。

---

[1] 一作"配音员"。此处保留已有一定泛用度、更具动画行业特色的
　　译法。——译者注
[2] 主要动作被称作"Primary Action"。——译者注

せ

セル検 （せるけん）　　　赛璐珞/图层色彩检查

是日文"セル検查"的简称。字幕信息中展示的工作人员名单称之为"上色检查（仕上检查）"。色彩检查指的是检查上色后的图像是否有错涂或漏涂的部位，也指担任此职务的人员。

色彩检查可能由配色指定来兼任，也可能单设此职。

セルばれ （せるばれ）　　　赛璐珞/图层缺失

与"涂色缺失"相同。不过在数码绘画中，已经不会再出现"因涂色不完整而引发图层缺失"的情况了。

セルレベル （せるれべる）　　　赛璐珞/图层分层

指图层的堆叠顺序，参考"赛璐珞/图层顺序（セル重ね）"词条（见159页）。

セル分け （せるわけ）　　　赛璐珞/图层分配

将图层A中无法完全处理的画面分摊到图层B、图层C中的操作方式。

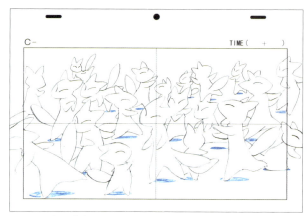

不得不进行图层分配的棘手画面

【赛璐珞/图层缺失】

ゼロ号 / 0号（ぜろごう）　　　　　　零号/0号

比初号更早诞生的、工作人员使用的试映版本。

全カゲ（ぜんかげ）　　　　　　　全阴影

角色全身或物体整体没入阴影的状态。例如可以给出这样的指令："请让角色渐渐进入阴影，大概走到第五步时变成全阴影。"

步入阴影的方式

選曲（せんきょく）.　　　　　　　选曲

为不同场景选取音乐（BGM）的工种。

先行カット（せんこうかっと）　　　预告镜头

动画预告镜头，即由于要在预告片中提前放映，因此需要优先制作的镜头。

前日納品（ぜんじつのうひん）　　　前日交付

在放映前一天才交付最终版影像胶片（电子数据）给电视台的做法。这种紧张的日程安排无异于在危险的边缘游走，着实能让制片紧张到患上神经性胃炎。

せ

【全阴影】

全阴影

センター60（せんたーろくじゅう）　　　中央60

Center 60，中央60 Fr.（框）的简称。"向中央T.U至60 Fr."指的是以画面正中央的点为轴心，从100%的镜头框拉近到60%镜头框的意思。如果在律表的备注栏标记"中央60 Fr."，那么就算不特意给出摄影指示，摄影也能够理解。当然，也可以指示为中央20、中央75等不同的拉近尺寸。

線撮（せんどり／せんさつ）　　　线稿摄影

亦作"动画摄影（どうがどク）""动摄（どうさつ）""Line撮（ライン撮）"。就算是同一家公司的同一名员工，也可能用几种不同的方式来表达这一概念。总之能理解就好。

如果配音阶段仍没有完成最终画面的制作，就只能用线稿摄影的版本来供配音环节使用，是一种迫不得已的非常手段。

全面セル（ぜんめんせる）　　全赛璐珞/全图层画面

指赛璐珞/图层占满画面的状态。当角色走到镜头前用身体遮挡住整个画面，或者画了太多小物件，导致画面严丝合缝地被填满时，就会成为"全赛璐珞/全图层画面"状态。如不需要背景图，可以在构图时标记"全图层画面，不需要背景"的备注。

外回り（そとまわり）　　　外勤

前往外包公司、工作室或个人外包处递送素材，或回收成品的过程。新人制片最初的工作，是制片的相关用语。

【 全赛璐珞/全图层画面 】

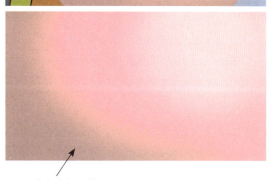

全赛璐珞/图层

台引き（だいひき） 移动摄影台

使用移动摄影台进行动画制作的胶片时代用语。对于动画师来说，如果不理解这一概念，就很难听懂作画会议上的讨论。另外，原画在律表上标注的摄影台指示难免会出现偏差，因此摄影往往会根据图像本身来判断摄影台的移动方向。

需进行滑推时，最简单易懂的方法就是在轮廓上标记"A→B"。

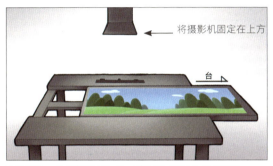

将摄影机固定在上方

台

胶片时代，指如其字面含义一样需要"移动"的摄影台

対比表（たいひひょう） 角色对比图

各角色的身高、体型对比图一览表，是角色设定不可或缺的材料。

友邻的生活大冒险　　　　　对比表

少年　天地　　真希女士　夏树　旅行商人　大尉　野猫　大和　少佐　总务　监察官

タイミング（たいみんぐ） 时间节奏

Timing，指动作发生的时机，以及动作与动作的间隔。

タイムシート（たいむしーと） 时间律表

Time Sheet，参考"律表（シート）"词条（见151页）。

タッチ（たっち） 笔触

Touch，笔触处理，指像用笔轻轻划过所呈现出的内容。多使用有色铅笔。

红色的部分就是笔触处理。

た

タップ（たっぷ） 定位尺

用于固定动画纸的道具，宽约2cm、长约26cm 的金属尺，尺身上有3个小型凸起。全世界的定位尺都是相同的规格。

这是一把50年前定制的、动画师们代代相传的定位尺，可谓历史悠久

タップ穴（たっぷあな） 定位尺孔

（1）为将动画纸固定在定位尺上而打的3个孔。

（2）为加固定位尺或进行剪贴，使用用过的动画纸，通过对定位尺孔的部分进行剪裁而制成的带孔纸条。参考"定位纸条（紙タップ）"词条（见127页）。

タップ補強 (たっぷほきょう)　　　　定位尺加固

合成或使用大型纸张作画时，定位尺孔的部分很容易磨损，也可能会因纸张不牢固而引起错位，后果严重。此时，将定位纸条的部分重叠、粘牢，或用强力贴纸来加固定位尺都是可行的选择。

タップ割 (たっぷわり)　　　　　　定位中割

以动画纸定位尺孔的中间位置为界限绘制中间张，有助于迅速掌握绘制对象的尺寸和形态，提升绘画效率及准确率，是一种非常方便的技法。必须先画出示意图，再进行定位中割。

ダビング (だびんぐ)　　　　　　声音合成

Dubbing，可以理解为动画师和演出为画面添加声音（音效及音乐）的工作。

ダブラシ (だぶらし)　　　　　　多重曝光

参考 "WXP" 词条（见100页）。

【追踪Pan】

ためし塗り (ためしぬり)　　　　　试涂色

尝试填涂不同颜色的过程，是色彩设定的准备工作。

チェックV (DVD)
(ちぇっくびでお)　　　　　检查V（DVD）

原为检查录像带，也就是检查V（Video）。如今录像带已被DVD所替代。动画师等工作人员只有在被打回修正的阶段才会看到DVD；而制片则不然，每当编辑阶段更换镜头，他们就会收到一版新的DVD，并一次又一次地检查新版是否无误。

つけPan (つけぱん)　　　　　追踪摇镜

追踪Pan，指摄影机找准角色（被摄物），追踪其动态进行拍摄的运镜方法。背景多使用大型纸张或长图纸张。进行2D作画时，基本可以与跟随摇镜（Follow Pan）等同视之。

然而，不同的公司或个人对追踪Pan（つけPan）和跟随Pan（Follow Pan）可能有不同的定义。无须太过纠结于两者的精确定义，专注于制作出作品所需的画面即可。

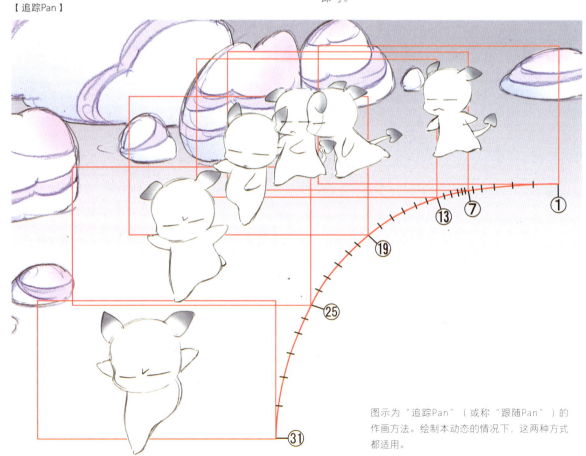

图示为 "追踪Pan"（或称 "跟随Pan"）的作画方法。绘制本动态的情况下，这两种方式都适用。

【定位中割】

① 普通的定位中割绘制方法

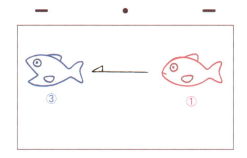
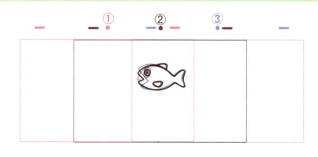

② 具有透视效果的物体

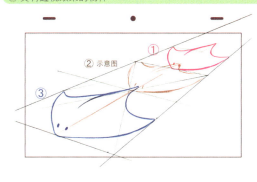
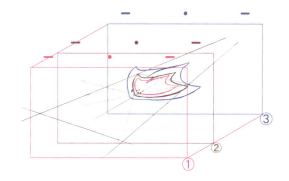

③ 曲线运动物体

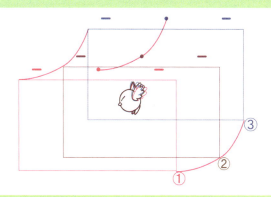

④ 弧形动态

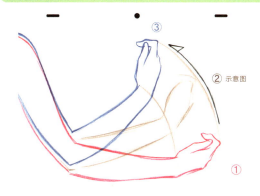
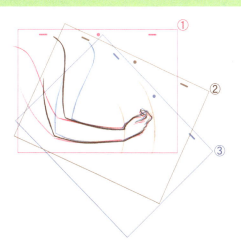

た

跟随Pan（Follow Pan）作画案例

这种情况下（魔法少女的变身场景、机械的变形与合体）通过跟随Pan来绘制

关于"追踪Pan"与"跟随Pan"的区别

1.请先回想一下真人拍摄中的"Pan运镜"和"Follow运镜"。

2.拍摄移动中的人物时：

• Pan=摄像机底座固定不动，仿佛用视线追踪着移动中的人物一样，通过摇摆摄像镜头的方法来拍摄；

• Follow=摄像机不固定，与被摄者保持一定距离跟拍，也就是摄影机本身要跟随人的移动而移动（可以想象成手持摄影机来拍摄）。

3."追踪Pan"与"跟随Pan"的区别正在于此："追踪Pan（つけPan）"采用"Pan"的运镜方式，而"跟随Pan（Follow Pan）"采用"Follow"的运镜方式。

不过，在2D动画作品的制作中，"追踪Pan"与"跟随Pan"都要使用长图纸或大型纸张来绘制背景，也都需要通过标记刻度来作画。用长图纸制作"追踪Pan"相对方便，因此使用比较普遍；亦可采用普通纸张，通过移动定位尺的方式绘制。"跟随Pan"则基本采用普通纸张；纸张视镜头内容而定，在长图纸更便于绘制的情况下但选无妨。

在实际操作中，动画师就算分不清镜头该用"追踪Pan"还是"跟随Pan"，依然能按照分镜的要求顺利地完成绘制工作。因此，如今业内也不再那么纠结于"追踪Pan"与"跟随Pan"定义的区别了。

不同的动画公司、不同的个人可能会使用其中一种来同时指代两者。不必过度纠结于用语的定义，因为这不影响动画师按指示要求绘制出画面。只要理解摄影机的运镜方式即可。

追踪Pan（つけPan）作画案例　这种需要背景与被摄者的动作点位进行精密配合的镜头，几乎只有追踪Pan才能完成

つめ / つめ指示 / つめ指定
（つめ / つめしじ / つめしてい）

轨目/ 轨目指示/轨目指定

指示原画和原画之间要以怎样的间隔加入动画张的轨距，由原画师来指定。

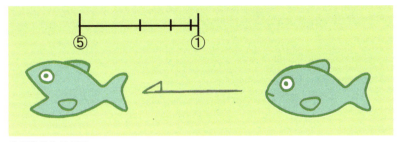

按照这种轨目指示……

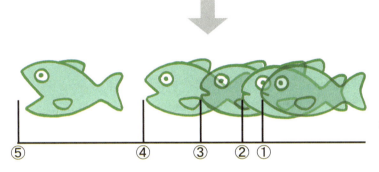

会这样加入动画张

【形态各异的轨目指示】

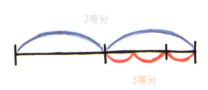

细致书写法

2等分

3等分

究极草书法

←此范围内都是
轨目指示

箭头表示动态方向

テイク（ていく） Take

（1）摄影用语，指拍摄的每一个镜头（Take）。
拍摄的第一个镜头是"Take 1"，第二个是
"Take 2"，以此类推。

（2）作画用语，指"从起手动作到关键动作（比如
惊讶的姿势），直至动态结束的全过程"。
"反应（リアクション）"词条（见209页）中
包含相关说明。

定尺（ていじゃく） 确定长度

影像的规定秒数（时间），与"フォーマット
（Format）"的意思基本相同。

ディフュージョン
（でぃふゅーじょん） 柔焦

Diffusing（DF），日文"ディフュージョンフィル
タ"的简称，是一种能让画面变得明亮，具有柔和效
果的滤镜。常用于表现美丽的事物，使其如梦似幻，
如披薄纱。

デスク（ですく） 制片主管

"制片管理主管（制作デスク）"的简称。

手付け（てづけ） 手动操作

指人工操作，是动画行业的自造词。After Effects摄影中的"手动操作"指不通过软件内置的自动摄影功能，而是手动逐帧调整画面来进行的摄影操作。3DCG动画中的"手动操作"则指不使用动作捕捉，而是靠动画师纯手动进行的操作。与"手付け金（定金）"中"手付け"的意思截然不同。

デッサン力（でっさんりょく） 绘画能力

"Dessin（デッサン）"有线稿和画稿草图的意思，不过在动画制作中单纯指"绘画的能力"。动画师不常绘制石膏像素描，因为对动画师而言，呈现出栩栩如生的动态和表现比绘制精准的形态重要得多。因此，培养新人动画师时不太会让他们练习素描，而是更倾向于让他们进行速写（クロッキー）练习。

不过，某些动态的绘制要求动画师深谙物体结构，因此素描练习对动画师来说同样不可或缺。有机会的话，请务必多加练习。

手ブレ（てぶれ） 手持摄影

Hand Camera，指手持摄影机跟随被摄物，画面发生自然抖动的运镜方式。

摄影方式是让画面以5毫米/①K的幅度上下晃动，同时，摄影机要略微延迟、跟随被摄物移动。每格动画都需要单独进行运镜处理。

出戻りファイター 返乡战士
（でもどりふぁいたー）

指一度辞职的制片重新回到原公司，而调动到其他公司的则被称为"突击战士（突撃ファイター）"，是日升社（SUNRISE）独具特色的表达。

テレコ（てれこ） 调换顺序

正确写法是日文平假名"てれこ"，原意是"交替"，不过动画制作中则表示"调换顺序"。 如果有人说"把镜头②和③调换下顺序吧"，这意味着要将镜头顺序更改为①→③→②。

调换顺序后

【调换顺序】

镜头	画面	内容
1		大和俯视着星球
2		星球的暗面突然闪出一道光
3		探身观察的大和：啊！

调换顺序

テレビフレーム（てれびふれーむ）　电视框

TV Frame，参考"安全框（安全フレーム）"词条（见107页）。

テロップ（てろっぷ）　字幕信息

Telop，指影视作品中嵌入的文字信息，如用于说明的文字等。

伝票（でんぴょう）　记录单

参考"委托记录单（発注伝票）"词条（见187页）。

電送（でんそう）　网络输送

指对原画进行扫描，向海外传输电子文档的操作。收件方会将电子版打印出来，通过定位尺继续接下来的工作流程。这样印制出的版本难免会跟原版产生偏差，会大大影响后续的上色环节。由于扫描的分辨率过低，动画师看到这么模糊的原画复印件一定会错愕到说不出话。可以说复印件上的已不再是蕴藏着灵魂的艺术作品，而只是一幅简单而粗糙的图像罢了。这同样会为后续动画检查的工作带来极大压力。但如果时间太赶，就只能作为一种应急的非常手段硬着头皮顶上了……话虽如此，委托海外制作（海外出し）时基本都要依赖网络输送画作。

テンプレート（てんぷれーと）　模板尺

指"圆形模板尺（円定規）"。

動画（どうが）　动画

（1）对原画进行清稿，然后在原画与原画之间绘制中间张的工作。
（2）指中间张画稿。
（3）负责制作动画的动画师。

て

【动画】

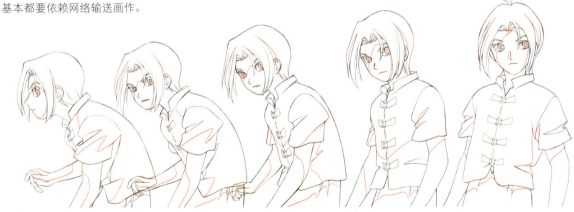

关于动画

　　动画制作并非机械地在原画与原画之间增添图像，而是一种在对动态原理和物理知识有着深刻理解的基础上，让原画变得栩栩如生的工作。
　　要做到这一点，需要动画师具备高水准的职业素养和娴熟的动画制作技巧。目前，优秀的动画师熟练工寥寥可数，这正是日本动画制作行业所面临的一项严峻挑战。

作画（原画、动画）使用铅笔绘制的
实线（黑色）部分
Pentel Black Polymer 999 的 HB铅笔

有色线条部分
三菱彩铅880系列
三菱硬质彩铅7700系列

① 原画

と

② 动画

③ 赛璐珞画面

動画検査（どうがけんさ）　　　动画检查

动画检查负责审阅所有绘制完毕的动画镜头，检查其是否按照原画指示绘制，以及是否符合角色设定；确认动画张数是否完整；确认是否有后续上色环节无法上色或摄影环节难以拍摄的部分。动画检查是整部作品中动画组的负责人。简称"动检（動検）"。

大半夜被叫醒来公司加班、早已无法感知正常时间推移的动画检查

关于动画检查的工作　　　《银魂》的动画检查 名和誉弘

动画检查（动检）的工作是啥呢♪它是啥呢——是啥呢——♪（←BGM）

我个人觉得，动画检查是整个动画制作流程中相当有趣的职位。除了动画检查，它还被叫作动画Check、动画Checker、动画作监——光是各式各样的称呼就平添了几分趣味。

言归正传，动检的工作内容是什么？哦，当然，肯定是字面上的"检查动画"，但具体又要做哪些事呢？

- 代入第三方（观众）的视角，检查动态是否有不协调之处。
- 确认动画是否遵循了演出和原画老师们的要求。
- 好好整理素材，以免下一个环节的上色老师产生质疑，甚至登门问罪。

总而言之，这就是动检的主要工作。其他还包括撰写动画注意事项，以及修正预演检查后打回来重做的动画画面等。如果持续提升技能，甚至能包揽设定和版权页的清稿工作，堪称无所不能。

动检最美妙的地方在于，可以尽情查阅与动画制作有关的一切——不管是构图、原画，还是作监修正的内容；当然，所有动画画面更是能一览无余。

此外，动检和上色（检查）就犹如结伴玩"二人三脚"的搭档一样，需要密切配合，所以动检还能一窥上色环节的内容。如果有空，甚至可以向上色请教RETAS这种工具软件的用法。对于志愿未来从事原画工作的人来说，先尝试动检的工作定将获益良多、不虚此行。动画和动检可谓作画工程的"最后一座堡垒"，其使命之艰巨、责任之重大不言而喻。

不过反过来想，老实说这也意味着动画师和动检在某种程度上可以随心所欲地行事……当然，太离谱也会被骂啦。

哎呀，光顾着说好处了，也讲一讲辛苦之处吧。

动检时刻都要面对一个坚不可摧的劲敌——时间，仿佛永远都处于马上要迎来最终Boss的紧张状态之中。比如，如果动画师半夜才交稿，动检就**不得不**从半夜苦战到黎明，这种事情可谓家常便饭。一言以蔽之，成为动检还意味着什么呢？就是生活状态彻底被打乱，分不清黑夜白昼。哇呜——

还有，由于要在规定时间内检查完全部镜头，那么在时间有限的紧急关头，就必须有勇气舍弃自己对动画的执着。这时，如何在完成任务的前提下尽可能地提高动画品质，就要看动检的本事了。听起来颇为英勇，然而践行起来可绝非易事。

动画的目标群体乃普罗大众，并非动画行业的职业人士，所以只要能制作出不令一般观众感到别扭的内容（动态），动检的任务就算大功告成了。

透過光（とうかこう）　　　　　　透射光

让车灯或镭射光线等光源更具光效的处理方法，简称
"T光（Ｔ光）"。

原画

完成画面

动画注意事项（どうがちゅういじこう）　　动画注意事项

类似操作说明手册，规定了绘制动画时使用的铅笔种类与颜色、纸张尺寸、合成方式等细则。每部作品都要拟写专用的《动画注意事项》，其必须包含"头发穿透"或"头发不穿透"之类信息。

《动画注意事项》主要供原画参考。

头发穿透

头发不穿透

动画机（どうがづくえ）　　动画桌

有别于普通的办公桌，动画桌的桌面镶着一面磨砂玻璃，可以掀开。桌内置有日光灯，底部光源从下往上照射，透过多层动画纸，以便动画师能够看到多层图像，从而绘制动态。其是动画师的专用办公桌。

动画番号（どうがばんごう）　　动画编号

为所有动画进行编号，编号规则因作品、公司而异，需通过阅读《动画注意事项》来确认。如果作品并未明确规定，则可依据任何人都能理解的原则进行编号。

动画用纸（どうがようし）　　动画纸

作画用的纸张。动画必须画在纸的正面，而原画则画在正面或反面皆可。

動検（どうけん）　　动检

"动画检查（動画検査）"的简称。

動撮（どうさつ）　　动摄

指拍摄动画线稿，参考"线稿摄影（線撮）"词条（见162页）。

動仕（どうし）　　动画及上色

"动画"与"上色"工作的统称。实际上，90%以上的动画与上色的工作都依赖海外外包，日本国内的动画及上色业务基本处于废弃状态。

と

173

同トレス（どうとれす） 描线临摹

通过透写台，在另一张纸上临摹出相同的图像，同"复写"。

同トレスブレ（どうとれすぶれ） 描线临摹抖动效果

在另一张纸上临摹图像时，绘制出仅有线条一半宽的错位线条，以表现出微小的抖动效果。某种意义上可以理解为"复写抖动"，不过也有动检会表示："不，两者还是有些不同的。"这时，只要按照具体要求进行绘制即可。

同ポ（どうぽ） 同位

指相同的位置，亦作同位置（同ポジ）、SP（Same Position）。也就是从同位置、同角度，以同样的画面尺寸进行拍摄。动画中"C-25 同位"的具体含义是"使用与C-25相同的背景图"。

と

特効（とっこう） 特效

虽然是"特殊效果"的简称，然而，不称之为"特效（とっこう）"的话大家反而无法理解。指向赛璐珞/图层添加除描线（トレス）、填色（ペイント）以外的特殊效果，如笔触（タッチ）、喷枪（エアブラシ）和模糊（ぼかし）特效。

止め（とめ） 静止

作画部分不动的镜头。就算有运镜，也同样称作"静止"。

トレス（とれす） 描线

（1）作画用语：将图片临摹到另一张纸上的工作。
（2）上色用语：将扫描后的动画数据二值化，转化成上色用的数据的工作。从扫描到上色的流程可能由同一个人来负责，也可能另设专门负责扫描的职务。

C-25

C-40（C-25 同位）

トレス台 / トレース台　　　透写台
（とれすだい / とれーすだい）

约1cm厚的LED板，可以作为动画桌的替代品使用。建议选购A3尺寸。

トンボ（とんぼ）　　　十字标记

用于框角校准的十字形标记，位于框角处。长图纸并不适配扫描仪的尺寸，需对其进行分割，再重新进行拼接。此时，会用十字标记作为扫描进PC端后连接每张图的位置提示。有需要时尽管使用吧。

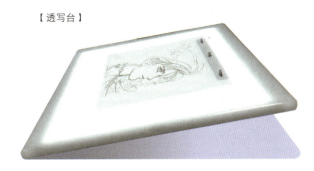

【透写台】

不同透写台的性能差异不大，网购即可，在绘画用品店里也能找到。LED的寿命无须担心。推荐选购能够调整明暗及倾斜角度的透写台。

【十字标记】结合刻度添加十字标记的案例

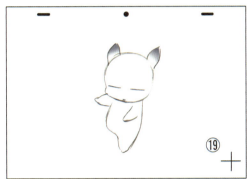

这便是十字标记

と

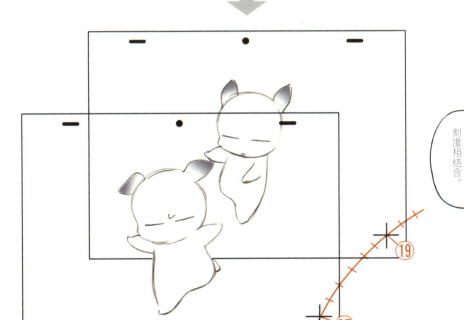

将十字标记与刻度相结合。

175

中 1（なかいち） 　　　中1

作画用语，指在原画与原画之间插入一张动画的中间张。

中一（なかいち） 　　　隔日交付

制片用语，指两天内完成上色和动画的行程安排，即"次日交付"。

海外委托制作的情况下，指从镜头送达日开始工作，翌日送返的情况。

中O.L（なかおーえる） 　　　中O.L

与"镜头内叠化（カット内O.L）"的意思基本相同。

長セル（ながせる） 　　　长图纸

指长于标准尺寸的动画纸。有多种纵向、横向尺寸，纸张上限可达A3大小。

中ゼリフ（なかぜりふ） 　　　动作中台词

继续演绎或持续移动的同时念出台词。口型由动画师在中间张中绘制，因此要事先在原画稿或律表中给出"A3～A8动作中台词"这种明确的指示。在日文中的统一念法为"なかぜりふ"，写法上则可以书写成"中セリフ"。亦作"动作中口型（中口パク）"。

中なし（なかなし） 　　　无中间张

作画用语，指原画与原画之间不插入中间张。

中なし（なかなし） 　　　当日交付

制片用语，指当天完成上色和动画的行程安排，即"当日交付"。

海外委托制作的情况下，指从镜头送达日开始工作，当日送返的情况。

【长图纸】

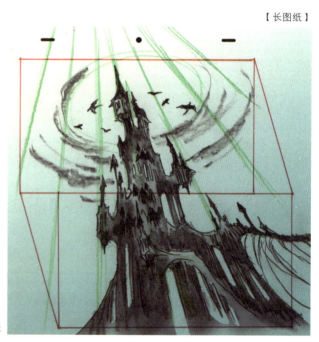

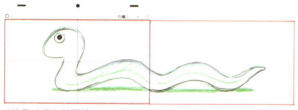

2倍尺寸横向长图纸

变形的2倍尺寸纵向长图纸

【动作中台词】

中割 (なかわり)　　　　　　　　中间张

在原画与原画之间插入动画张，在图像与图像间插入新图像的工作。

波ガラス (なみがらす)　　　　　　波纹

用于表现水波荡漾、朦胧摇曳的海市蜃楼等视觉效果的滤镜。

由于该特效并非直接生成，且样式并不局限于波纹，需要摄影进行一定操作，因此要在精准理解演出意图的情况下进行制作。

なめ (なめ)　　　　　　　　　　局部遮挡

角色或物体局部置于镜头前方的状态。关键点在于"镜头前方"和"局部"。

"局部遮挡"画面

なめカゲ (なめかげ)　　　　　　局部遮挡阴影

为镜头前方的角色或物体填充阴影，使之看起来有逆光效果。是为了不展露大面积导致画面过于扁平而刻意填涂的阴影，与是否真正逆光无关。看到该指示就要填上阴影，没有特别的道理。

虽然在「镜头前方」，不过并非角色的「局部」，因此不能算「局部遮挡」。

这就不是"局部遮挡"了

な

なりゆき作画（なりゆきさくが）　　順延动作作画

参考"动作顺延（秒なり）"词条（见191页）。

二原（にげん）　　二原

（1）第二原画的简称。根据草图原画（一原）的画稿完成原画的绘制，属于原画中的实习生。

（2）指作监修正一原交付的画稿后，对其修正部分进行清稿的工作。可以理解为一原实习工工种。目前，业内的原画工作由一原和二原搭配来完成。一原负责构图和绘制一原草图；二原负责清稿，并完成原画的绘制。诚然，由同一名画师来兼任一原和二原的工作能够保证画稿质量，但碍于动画制作紧迫的行程安排，不得不由两人分工完成。

入射光（にゅうしゃこう）　　入射光

从画面外照进来的透射光。

ぬ

ヌキ（×印）（ぬき）　　留空（×标记）

指不能涂色的部分。如果面积充裕，直接标注"留空（ヌキ）"的文字会更加直观。

如果面积有限，则通过"×"标记或直接区分涂色来进行指示。在上色阶段，为防止误涂，可以在动画的中间张对不明确的部分进行指示。

盗む（ぬすむ）　　盗位

参考右图图解。

ヌリばれ（ぬりばれ）　　涂色缺失

指画面中出现漏涂的部分，在必要的拍摄画框范围内出现漏涂，或图层中出现部分缺失。

与"赛璐珞/图层缺失（セルばれ）""Fr.缺失（Fr.バレ）"的意思基本相同。

塗り分け（ぬりわけ）　　涂色区分

为防止上色时错涂，事先用彩色铅笔标记出不同区域。动画环节也可以进行相同的处理。

【盗位】盗取"位置"的案例

虽然想向着箭头的方向进行拍摄……

不过那样拍的话，人物面前的花会遮住她的面部。此时……

可以以观众以察觉以察觉的程度，对花的位置进行微调，也就是"盗取"花的位置。除了位置，还可以"盗取"时间、距离等

ネガポジ反転（ねがぽじはんてん）　　反色

将画面的明暗反转，颜色转换为互补色。

反色

普通色

納品拒否（のうひんきょひ）　　拒绝收件

在极少数作品质量过于糟糕的情况下，电视台可能会表示"恕我们无法接受这部作品"，并将其退回。电视台通常不会轻易拒绝交付的成品，一旦真的这么做了，说明作品质量确实过不了关。

残し（のこし）　　延迟

指末端部位的动作比发力点略微延迟的现象。比如，当狗摇尾巴时，尾尖的动作相较尾巴根就会略有延迟。这是动画师需要了然于胸的重要动态之一。

ノーマル（の一まる）　　普通色

指基准颜色。以角色为例，普通色指角色在白天的颜色；以普通色为基准，才能变成夜色、夕阳色等色调。

ノンモン（のんもん）　　无调制

Non-modulation，指无声部分。在TV动画中，节目开始部分和CM（广告）前需要分别插入约12帧的无调制部分。这是因为在画面切换的瞬间立即发出声音相当困难。

【延迟】
典型的"延迟动作"

动作开始到结束，手指部分始终有延迟效果

④ ③ ② ①

如果不进行"延迟"处理，手就只是在机械性地移动，毫无表现力可言

背景（はいけい）　　　　　　　　　背景

（1）背景图，即角色身后可见的风景或室内装潢等背景。

（2）指负责绘制背景图的部门或职务。其他部门的同事有时会将背景画师称为"美术人员"。但在背景部门内部，背景和美术相去甚远。只有有能力绘制背景样板和美术设定的美术监督才能被称为"美术人员"。

背景合わせ（はいけいあわせ）　　背景色彩匹配

根据背景图的色彩来决定赛璐珞/图层的颜色。例如，某场景的背景色偏蓝，那么赛璐珞/图层的颜色也需要与背景图的颜色相匹配，呈现出蓝色调，从而自然地与背景色融为一体。

背景打ち（はいけいうち）　　　　背景会议

针对背景美术进行讨论的会议。由导演、演出、美术监督、背景工作人员和相应的制片参会。

背景原図（はいけいげんず）　　　背景原图

参考"BG原图（BG原图）"词条（见81页）。

ハイコン（はいこん）　　　　　　高对比度

"ハイ・コントラスト（High Contrast）"的简写，指加强明暗对比度。

背動（はいどう）　　　　　　　　　背动

"背景动画"[1]的缩写，通常指将背景图制作成赛璐珞/图层，并对图层进行操作。

パイロットフィルム（ぱいろっとふぃるむ）　　动画样片

Pilot Film，指为新动画企划等制作的试播样片，通常会向客户展示时长为4～5分钟的作品。

パカ（ぱか）　　　　　　　　　　画面闪烁

因观看时画面会出现闪烁、跳动的现象而得名。

（1）颜色闪烁。画面中赛璐珞/图层的颜色突然发生变化。这是后期上色的失误所致。

（2）线条闪烁。线条粗细不一致导致的闪烁或跳动。扫描时转换分辨率是造成失误的可能原因之一。

箱書き（はこがき）　　　　　　　分节摘要

在脚本创作初期，脚本师会将故事大致分成几节，并撰写相应摘要。

バストショット（ばすとしょっと）　　近景

指画面主要展示角色胸部以上的画面。亦作"半身尺寸（バストサイズ）"或"Bust Shot（B.S）"。

【高对比度】

普通色

高对比度

[1] 在某些场景中，为增强视觉效果、模拟真实环境、营造动感和立体感而制作的背景动画，如绘制飘荡的云朵、流动的溪水或模拟交通工具的行驶等。处理方法有平移、滚动和创造多层背景图等。——译者注

【背动画面】

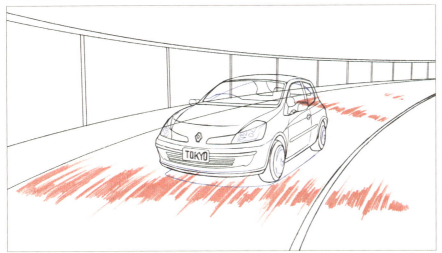

● 动画
A图层：高速公路
B图层：车

A图层 背景动画部分

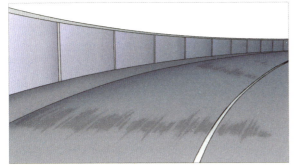

B图层 车

は

完成画面

パース（ぱーす）　　　　　　　　　　　　　　　　透视

Perspective，日文"パースペクティブ"的简称，指远近法或透视法，是从事绘图工作的必备知识。

一点透视

は

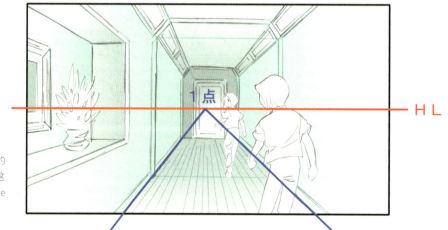

HL是Horizon Line的缩写，指地平线。这里亦为"EL（Eye Level）"

两点透视

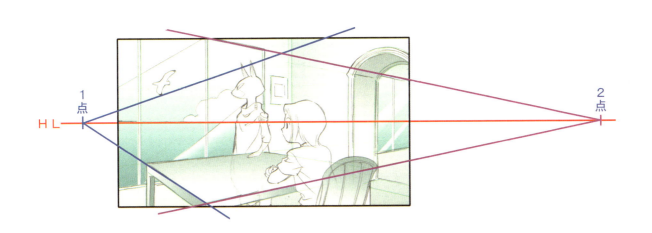

は

三点透视 仰角

は

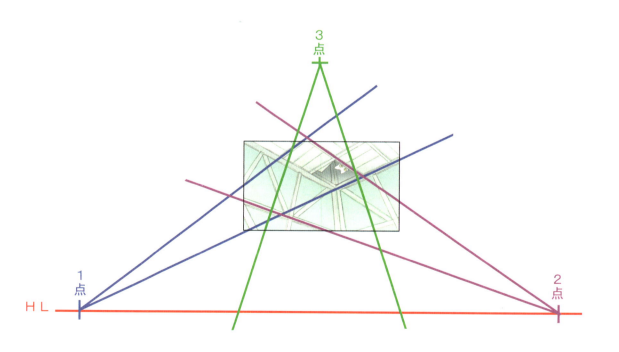

三点透视 俯瞰

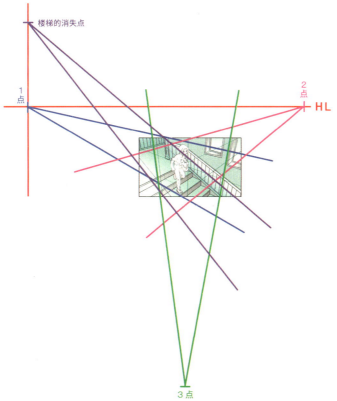

は

楼梯的消失点

1点

2点

HL

3点

パースマッピング
（ぱーすまっぴんぐ）　　　　**透视映射**

Perspective Mapping，在剧场版等类型的动画中，针对2D背景图进行的透视拍摄处理，如摄影机环绕拍摄或者改变背景图的透视关系等，又被称为"摄影机映射"，是通过将背景图映射（贴）到3DCG中实现的。

パタパタ（ぱたぱた）　　　　**啪嗒啪嗒**

按照1、3、2的顺序从下往上叠放画纸，用手指夹住纸张"啪嗒啪嗒"地翻页，可观察到按1、2、3顺序呈现的画面。这样就能一边绘制1和3中间张的画面，一边对动态进行确认。

【啪嗒啪嗒的流程】

1. 将动画①②③……

2. 按照从下到上为①③②的顺序叠好

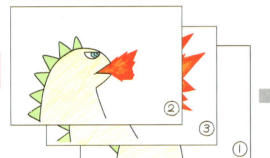

3. 像这样用手指夹住纸张

4. 啪嗒啪嗒地翻阅，按照①→②→③的顺序确认动态

は

啪嗒啪嗒/手指翻阅/啪啦啪啦/Rolling（翻动）

　　即便是同一家公司的工作人员，对此也有不同的表述方法。老人会向新人传授"这么翻页确认就行了"，但不会解释这种做法的名称，所以其称谓多种多样。"Rolling（翻动）"这种说法在业内的普及率不高，许多日本动画师甚至都没听说过。不过，这些用语也不必强作统一，只要能理解并完成任务即可。

発注伝票（はっちゅうでんぴょう）　委托记录单

外观看起来像狸猫随身携带的账簿[1]，由制作部门填写。委托记录单与普通的记录单别无二致，可以复印使用。制片会将镜头编号填写到记录单上，与剪辑素材袋一并交给执行人。否则一旦镜头丢失，制片怕是要百口莫辩。"看，这是曾经交付给您的真凭实据哦！"——委托记录单可谓制片的护身符，把它填好起码图个踏实。

【色彩调和处理】

① 作画绘制线稿（一般不绘制背景，绘制亦可）

ハーモニー（はーもにー）　色彩调和处理

Harmony，指画师在图层上勾勒实线部分，再由背景画师进行上色处理。

【委托记录单】

委托记录单	友邻的生活大冒险		
集数 6　姓氏 神村老师		IN 5/31	
		OUT	

L/O扫描	原画彩色	动画检查	配色指定特效	背景CG

cut	张		cut	张
1	82	16	291	
2	106	17	292	
3	140	18	(295	
4	245	19	299	
5	(256	20		
6	258	21		
7	272	22		
8	273	23		
9	274	24		
10	(276	25		
11	(278	26		
12	282	27		
13	285	28		
14	286	29		
15	288	30		
总计	15	总计	4	

② 背景画师上色

---

[1] 在日本，可见头戴斗笠、身挂酒壶和账簿的狸猫摆件。这只狸猫是滋贺县信乐町的陶艺特产，被称为"信乐狸"，是代表吉祥和商业繁荣的吉祥物。——译者注

は

パラ / パラマルチ（ぱら / ぱらまるち）

有色滤镜叠加

在部分画面添加有色滤镜的处理手法。例如：在黑漆漆的胡同中添加更多阴影。

此手法的名称源自过去通过剪裁彩色石蜡纸（Paraffin）来制作滤镜的方法。做法是将该蜡纸置于多层摄影台上，拍摄出虚焦效果。

赛璐珞/图层

蜡纸素材

は

有色滤镜叠加后的画面

在画面上下分别进行有色滤镜叠加，可以突出角色的视线，是一种常见的演出方式。

張り込み（はりこみ）　　　　　埋伏

制片用语，指在需要回收其作品的动画工作人员的家门口停好车，在车里默默等候，直到家中的灯光亮起。也有制片会先行蹲点，然后致电目标人物，假意预警"我这就前往您家"。当对方从家中仓皇逃窜之际，再一举将其"抓获"。埋伏是一种实用的工作小窍门。不过逃跑的动画师可真该被解雇。

番宣（ばんせん）　　　　　动画宣传

"动画节目宣传（番组宣传）"的简称，在电视台播放动画前制作的预告片或海报。也会制作用于宣传的周边产品。

ハンドカメラ効果（はんどかめらこうか）　　手持摄影效果

与"手持摄影（手ブレ）"的意思基本相同。

ピーカン（ぴーかん）　　　　　湛蓝

指万里无云的湛蓝晴空。大多数观点认为该词来源于Peace牌香烟罐的蓝色。

手持摄影效果的制作方法

- 以普通镜头的形式绘制动态。
- 将呈现动态的必要图片悉数画好，以草图形式绘制即可。此时若不画全，后续将演变成一团乱麻。
- 计算手持摄影机奔跑摄影时，摄影时机与摄影机朝向、角度之间的变化关系。
- 基于该计算结果，修改草图的动态方向及透视效果，重新绘制原画。
- 实际拍摄时，先正常拍摄一遍，然后逐帧添加画面抖动效果。无须特意指示，摄影老师也会娴熟得当地处理。

【湛蓝】

碧空如洗

Peace牌香烟罐

光感（ひかりかん） 光感

参考"光晕（フレア）"词条（见195页）。

美監（びかん） 美监

"美术监督"的简称。

引き（ひき） 拉动平移

与"滑推（スライド）"（见158页）的意思基本相同，指拉动图层或背景图等。

引き上げ（ひきあげ） 回收

（1）对原画师来说，指将手中的镜头退还给制片。如果到了Up日，一个月前交付的构图仍未返还，原画师便会说："下个日程的排期都要到了，这些镜头我做不了，请回收吧。"

（2）对制片来说，指在原画师迟迟未能返还镜头，即将耽误整体工作进程的情况下果断行事，取回委托给原画师的镜头。这种行为往往与"重新委托（まき直し）"搭配出现。

ひ

引き写し（ひきうつし） 复写

与"描线临摹（同トレス）"（见174页）的意思基本相同。

引きスピード（ひきすぴーど） 拉动速度

拉动背景、Book以及图层的速度。1帧移动5mm，则写作"5毫米/①K"。因为"cm"和"mm"在视觉上易混淆，所以不采用这种写法，而采用5mm→5毫米、4cm→40毫米的书写方式。

不过，After Effects摄影中不存在"把摄影台拉动几毫米"这样的选项，因为无法执行该操作。因此要具体计算移动几格。

被写界深度（ひしゃかいしんど） 景深

摄影用语，指被摄物前后方所呈现的场景范围。

美術打ち（びじゅつうち） 美术会议

针对背景美术展开的会议，由导演、演出、美术监督、背景制作、相应制片参会。

美術設定（びじゅつせってい） 美术设定

指作品舞台所呈现的风景、建筑物等设定图，由美术监督绘制，简称"美设（美設/びせつ）"。

美術ボード（びじゅつぼーど） 美术样板

美术监督为每个场景绘制的背景参考样板。背景部门的工作人员则参照美术样板来绘制每一幅背景图，简称"样板（ボード）"。

美設（びせつ） 美设

"美术设定"的简称。

【拉动速度】

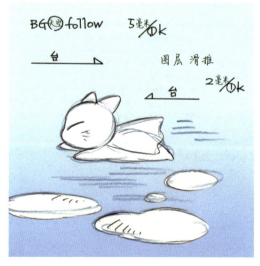

秒なり（びょうなり）　　　　　　　　动作顺延

指绘制原画时，将镜头中最后的动作顺其自然地进行绘制的方法。作画会议中，可能会听到指示："最后让角色向前走3秒，是否'Fr. out（出画）'无所谓，按自然秒顺其自然地处理就好。"
重要的是角色要走满3秒，而走出画面与否则不重要。亦作"顺延动作作画（なりゆき作画）"。

ピン送り（びんおくり）　　　　　　　焦点转移

指转移焦点。

ピンホール透過光
（びんほーるとうかこう）　　　　　　　针孔透射光

如针孔般、光束尺寸极小的透射光。

フェアリング（ふぇありんぐ）　　　　缓动缓停

Fairing，主要为运镜用语。当摄影机在动作开始和结束时制造"缓冲"，这个缓慢移动的"缓冲"效果就是"平滑处理"。同"缓冲（クッション）"（见134页）。

フェードイン（ふぇーどいん）
フェードアウト（ふぇーどあうと）　　淡入/淡出

参考"F.I""F.O"词条（见85、86页）。

フォーカス（ふぉーかす）　　　　　　焦点

Focus，指焦点。

フォーカス・アウト（ふぉーかす・あうと）
フォーカス・イン（ふぉーかす・いん）　失焦/聚焦

Focus Out和Focus In，两者往往搭配出现，主要运用于场景转换。例如，画面A的焦点缓缓失焦（Focus Out），直到变得模糊不清；随后，再缓缓聚焦（Focus In），切换为画面B。

フォーマット（ふぉーまっと）　　　　Format

"确定长度（定尺）"。TV动画中，除去CM，以"OP+副标题+正片+过场短片+预告片+ED"的顺序进行排列，各项目的单项长度及总长度就是Format。

フォーマット表
（ふぉーまっとひょう）　　　　　　　　Format表

将动画的Format以长条表格的形式体现。

フォルム（ふぉるむ）　　　　　　　　形态

Form，指形状、外在。

在琐碎的细节上纠结很久的动画师

唔——这团烟的形态实在是不怎么可爱……

【 Format表 】

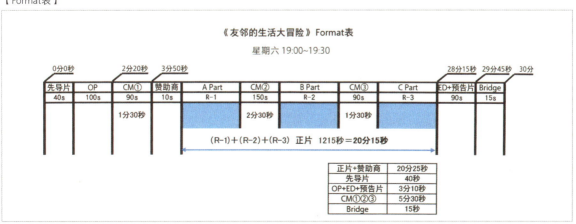

《友邻的生活大冒险》Format表
星期六 19:00~19:30

	0分0秒		2分20秒	3分50秒						28分15秒	29分45秒	30分
	先导片	OP	CM①	赞助商	A Part	CM②	B Part	CM③	C Part	ED+预告片	Bridge	
	40s	100s	90s	10s	R-1	150s	R-2	90s	R-3	90s	15s	
			1分30秒			2分30秒			1分30秒			

(R-1)+(R-2)+(R-3) 正片　1215秒＝20分15秒

正片+赞助商	20分25秒
先导片	40秒
OP+ED+预告片	3分10秒
CM①②③	5分30秒
Bridge	15秒

【焦点转移】

焦点在前方的角色上

焦点转移至后方

フォロースルー（ふぉろーするー）　跟随动作

Follow Through，指伴随主要动作而自然产生的顺势动作，是一种无意识的动作。掌握该动作对于动画师来说至关重要。

【跟随动作】

此处皆为跟随动作

艺术体操的绶带也是在呈现跟随动作的动态

ふ

连1mm的误差都没有的完美俯瞰透视
（毕竟是实景照片嘛）

フカン（ふかん）　俯瞰

指从高处向低处俯视，或指从上往下拍摄的镜头角度。
与鸟瞰的意思基本相同，指像鸟类一样从高处俯视下方的空间。

ブラシ（ぶらし）　　喷枪

Brush，作画和上色流程中的"Brush"指"Air Brush"，即喷枪效果。

"Brush"的本意是画笔或笔刷毛，不过在日本的商业动画制作初期，常将"Air Brush"缩写为"Brush"；因此，该词在业内的概念与Photoshop中的笔刷工具Brush Tool（ブラシツール）有所差别。

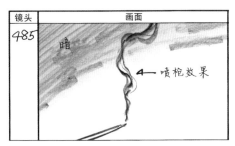

摘自分镜

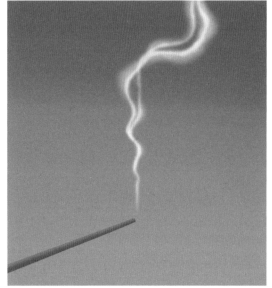

喷枪实例，用于呈现烟雾的形态

ブラッシュアップ（ぶらっしゅあっぷ）　　精修

Brush Up，指整理、打磨等。"请再精修一下角色设计"其实是在委婉地表达"还得请您改良一番"。简而言之，就是"请收回并修正"。Brush Up这一表达使用频繁，它在英文中代表改良、润色、提高图像品质，而在业内并不包含这种强化的含义。

フラッシュPan（ふらっしゅぱん）　　Flash摇镜

同"流线摇镜（流Pan）"。

フラッシュバック（ふらっしゅばっく）　　倒叙

Flash Back，堆砌大量不同场景的镜头，并在短时间内进行快速回放的影像表现手法。在展现走马灯般的回忆等场景时会使用。

フリッカ（ふりっか）　　晃动

Flicker，在长图纸上绘制追踪摇镜时，画面呈现出前后抖动的现象。这是原画缺乏运镜知识所导致的失误。不过，现在的摄影会默默修正这一问题，因此预演时已经不会再出现该现象了。其在日文中也可称作"フリッカー"。

フリッカシート（ふりっかしーと）　　晃动律表

Flicker Sheet，指导绘制晃动效果的律表。虽然是动画行业的自造词，不过只要知道"Flicker（晃动）"的意思，就会立马理解"哦，是要做出那种感觉的操作啊"。因此，这种简明扼要的表达方式迅速普及。该律表指示可以轻松表达出角色颤抖着坐起身或大笑着抬起头的动作。画面中可见动作有着前进或后退的动态表现。

标注晃动律表的操作方法如下。
• 将动画编号1～11间的内容均匀地分成9帧。
• 动画编号按照顺序排列为1、2、3、4、5、6、7、8、9、10、11。
• 根据动态喜好和所需秒数可自由调整律表的标注方式，没有固定规则。

然而，这只是一种简化的绘制技术。普通流程是对原图像进行定位中割，再分别绘制相应的回放动作。毫无疑问，那样悉心处理后的动态更加自然流畅。

ブリッジ（ぶりっじ）　　Bridge

音响用语。变换场景或切换节目时播放的简短印象音频或音乐。Format表的末端会列出Bridge栏。

プリプロ（ぷりぷろ）　　　　前期制作

Pre Production，プリプロダクション的简称，是动画制作的准备工作阶段。包括脚本、角色设定、分镜、美术设定等作画工作开展前的内容。视情况，可能包含预录音（プレスコ）工作。

フルアニメーション
（ふるあにめーしょん）　　　　全动画

Full Animation，指以1帧、2帧为基础的动画制作方式[1]。与之相对的概念是"有限动画（リミテッドアニメーション）"。

フルショット（ふるしょっと）　　　　全景镜头

Full Shot（FS），指人物全身都在画面内的镜头。

ブレ（ぶれ）　　　　抖动

为表示震动或抖动效果，绘制多张相同的画面，每一张画面以一条线的宽度微微偏移。
比"描线临摹抖动效果（同トレスブレ）"（见174页）的抖动幅度更大。

フレア（ふれあ）　　　　光晕

（1）透射光周围的光晕。
（2）为增加光感，在画面上覆盖一层明亮有色光晕的拍摄方法，常用于画面明亮的作品。

ブレス（ぶれす）　　　　喘息/ 间隙

Breath，喘息或间隙。例如，可指示"在此处的台词与台词之间留好间隙"。

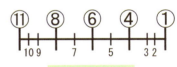

动画轨目指示

【抖动】

[1] 全动画中，每一帧画面均为独立绘制，使动画具有很高的流畅度；有限动画中会通过简化方法减少需要绘制的帧数，因此流畅度和画面质量相对较差。——译者注

フレーム（Fr.）
（ふれーむ）

Frame/ 画框/ 画格（Fr.）

（1）指画框，亦指绘制着画框的赛璐珞/图层或纸张。
　　每家动画制作公司的画框大小和位置各不相
　　同。加入某公司或参加某部动画的制作工作
　　时，可以提出"请把画框发给我"的需求来索
　　要画框的尺寸。标准画框为100Fr.，以10～20Fr.
　　的刻度差来进行缩放标记。
（2）数码摄影中，1帧也被称为1画格，需要根据上
　　下文来判断"Frame"所代表的含义。

プレスコ（ぷれすこ）

预录音

Pre Scoring，プレスコアリング的简称。为实现音画完
美匹配而提前录制歌曲和台词，然后再绘制相应画面的
工作流程。与其相反的用语是"配音（アフレコ）"。

プロダクション
（ぷろだくしょん）

制作

（1）Production，指作品的制作公司。
（2）作品制作的过程。动画制作的情况下，指从制
　　作开始到摄影结束的这段时期。
　　相关用语有"前期制作（プリプロダクショ
　　ン）""后期制作（ポストプロダクション）"。

プロット（ぷろっと）

情节

Plot，撰写脚本前所列的故事梗概、结构等，以条目
的形式列出故事的构成要素。脚本的撰写方式没有统
一规定，情节亦是如此。

プロデューサー
（ぷろでゅーさー）

制片人

Producer，作品从企划到最终交付整个流程的总负责
人。可以说作品一旦成功，制片人便是头号功臣；然
而一旦失败，就不得不担责。负责主要工作人员和配
音演员的选角。具有较强的营业属性。

【画框】A-1 Pictures的画框

1:1.78

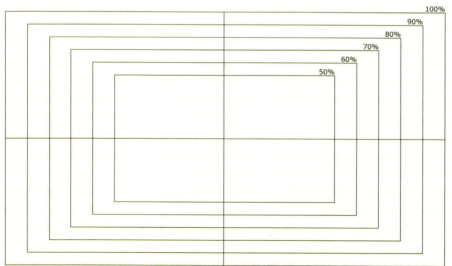

A-1 Pictures Inc.

プロポーション
（ぷろぽーしょん）　　　　　　　　比例

Proportion，指头身比等整体的平衡感。

プロローグ（ぷろろーぐ）　　　序幕

Prologue，正片前的引言部分。

ベタ（べた）　　　　　　　　　涂满

用一种颜色将整个画面涂满，不留间隙。

別セル（べつせる）　　　　　其他图层

其他的图层；同图层（同セル）则指同一个图层。

編集（へんしゅう）　　　　　剪辑

通过剪切连接镜头，将作品整理为符合预期长度的工作。亦指此工种。

关于剪辑

　　真人电影和动画制作中的剪辑都称为剪辑，其职能却截然不同。

　　真人电影的剪辑要处理所有的拍摄素材，将其制成一部电影，职能权重很大。而在动画制作中，绘制分镜时就相当于对作品进行了粗编，原画检查阶段更是会逐帧对作品进行细致入微的调整，因此剪辑在整个流程中的权重相对有限。

望遠（ぼうえん）　　　　　　　望远

指通过望远镜头拍摄的画面。通过双筒望远镜所观察到的画面必须使用望远透视来绘制。从画的角度来看，需要绘制没有透视感的图像。然而，由于动画师通常已将透视的原理铭记于心，形成了肌肉记忆，因此在绘制没有透视的图像时反而会无所适从。此时，通过望远镜，或对照望远镜头拍摄的照片来绘制不失为一个好办法。

棒つなぎ（ぼうつなぎ）　　　　粗编

仅将全部预演素材按编号顺序进行排序的粗编过程，用这个版本再度进行预演检查。相关用语为"整体预演（オールラッシュ）"。

ボケ背 / ボケBG
（ぼけはい / ぼけびーじー）　模糊背景/ 模糊BG

指轮廓不分明的背景，要具体作品具体分析。如果角色背后依稀可见一面普通的白墙，就没有必要使用精细绘制的背景图；或者，背景图中陈列着不少家具，一件件清晰地勾勒出来会让画面显得拥挤，在观感上适得其反。此时，就要采用"模糊背景"。相关用语为"背景模糊（BGボケ）"（见82页）。

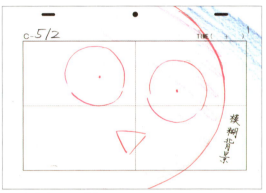

① 背景原画：若指示了
"模糊背景"……

② 那么就会绘制出适配
场景的模糊背景

③ 完成画面

ほ

ポストプロダクション（ぽすとぷろだくしょん） 后期制作

Post Production，整体预演（オールラッシュ）后的一系列工作，包括剪辑、添加音乐、后期包装等工作。

ボード（ぼーど） 样板

Board，"美术样板（美術ボード）"的简称。

ボード合わせ（ぼーどあわせ） 美术样板参考

决定需要"背景色彩匹配（背景合わせ）"场景的图层颜色时，如果手头没有确定的背景图，可以用美术样板替代作为参考。

ボールド（ぼーるど） 场记板

Board，是一块黑板。拍每个镜头前都要用到的模板，写着镜头编号和秒数等信息。跟真人电影中的场记板（カチンコ）是一个意思。

友邻的生活大冒险		
第16集	**237**	
Take 1　　1	（4 + 18）	
MEMO: Follow 拉前景（少许多层平面效果）		

ほ

本（ほん） 本子

指脚本。

本撮（ほんさつ） 正摄

"正式摄影（本番撮影）"的简称。

ポン寄り（ぽんより） 推镜头

摄影角度不变，单纯地推镜头，向画面方向靠近。指示方法如"上一个Cut推镜头"等。关键点在于镜头靠近，而不是缩放画面。如果只是单纯放大了上一个镜头的画面，就会呈现出抽帧的效果。为了避免这种问题，绘制出推镜头（Truck Up）的效果是重中之重。

步幅（ほはば） 步幅

日本人在户外正常行走的步幅为1.5～2鞋长。缓慢行走或老年人行走的步幅为1鞋长。不过，个子特别高的外国人英姿飒爽地大步前行时，步幅可达4鞋长。腿长的动画角色疾走时，步幅起码需要画成2～3鞋长。

日本人日常走路的样子大概是下图中的感觉（参考日常步行的影像所绘，呈现出极为自然的姿态，并未刻意走出英姿飒爽的样子）

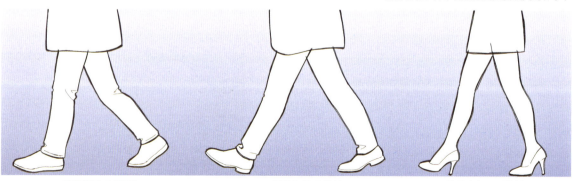

普通移动=1.5鞋长　　快速步行=2鞋长　　普通步行=1.5鞋长

まき直し（まきなおし）　重新委托

制片用语。将从原画回收的镜头重新委托给其他原画的过程。

マスク（ますく）　遮罩

Mask，合成图像时因需制作。不过，在数码摄影的环境下已不再需要在作画和上色环节做遮色片了。如果想绘制的画面需要什么素材，就先跟摄影人员商量吧。

マスターカツト（ますたーかつと）　主镜头

Master Cut，用于定位场景位置关系的基础镜头，是构图的基石，通常展示了远景的全貌。要先进行该镜头的布局，方能绘制其前后的镜头。要注意，如果在未提交主镜头的情况下提交了前后的镜头，演出和作监是无法进行构图检查的。

マスモ二（ますもに）　色准显示器

"マスターモ二タ"的简称。作为颜色基准的高规格荧幕。使用的频率不高。

【遮罩】

素材1：背景与角色

素材2：Book：拉面

遮罩

ま

大功告成。

好想吃拉面啊

完成画面

【主镜头】

C-73（镜头73）是本场景的主镜头

镜头	画面	内容	台词	秒数
73		客厅的沙发 少佐站在地板上	间隙（1+0） 大和： "你自己去不就得了？"	
↓		少佐突然飘上来		
↓		停在大和面前 大和向后躲		4+0
74	BG深处模糊	皱起眉头盯着大和 静止	少佐： "……"	2+0
75		一脸抵触（一如既往）的大和	大和： "干吗啊？"	2+12

（8+12）

ま

マルチ（まるち）　　　多平面摄影机/分层摄影

多平面摄影机拍摄出的多层平面效果。为突出画面前方和远处的景深，展现距离感，往往需要对前景进行焦点模糊处理。

对镜头前的角色进行分层摄影处理的案例

将深处的Book（植物）进行分层摄影处理的案例

Book素材

Book-A　　　　Book-B　　　　Book-C　　　　Book-D　　　　Book A+B+C+D

ま

回り込み（まわりこみ）　　　　　　　　　　　　　　　　　　环绕镜头

一种运镜方式。角色原地不动，通过摄影来表现演技。摄影机围绕角色进行环绕拍摄，需要拉动背景。

拉BG
台

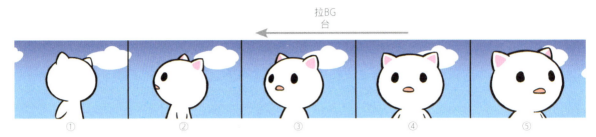

① ② ③ ④ ⑤

見た目（みため）　　　　　　　视角

想展现某个角色所见的场景时，可以说：“用角色A的视角去绘制。”

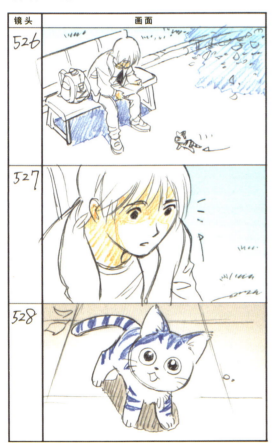

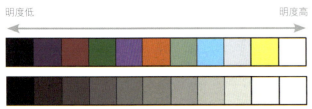

C-528的猫，是C-527中少年所见的画面

明度低　　　　　　　　　　　　　　明度高

【明度】将颜色转换成灰度后，越接近白色，明度就越高

密着（みっちゃく）　　　　　　紧贴

紧贴多层效果（密着マルチ）和紧贴滑推（密着スライド）的简写。

在摄影台年代，由于多平面摄影的操作过于复杂，同样能展现立体感的紧贴效果便应运而生。这是一种视觉上的模拟多层处理方法。例如，在BG和角色图层之间准备两层Book前景，一边分别将Book往左右两边滑推，一边将角色图层前推，就能制作出完全不失焦的多层画面效果。

在数码摄影中，制作多平面摄影与紧贴多层效果/紧贴滑推的烦琐程度基本相当，因此仅考虑想实现的效果来选择采用哪种方式即可。

ミディアムショット（みでぃあむしょっと）　　　中景镜头

Medium Shot（MS），亦作“Medium Size（ミディアムサイズ）”。跟全景镜头（Full Shot）相比要更近些，通常会拍摄到角色腰部以上的部位，但“中景”所涵盖的范围没有特别明确的定义。

ムービングホールド（むーびんぐほーるど）　　　微动保持

非常微小的动作。Moving（动）和Hold（抑制、停止）的意思。

（1）大幅度动作结束时自然产生的连带动作。

（2）动画《睡美人》中广泛使用，如睡美人微微动了一下，紧接着她的裙子也随之小幅度地晃动起来，是一种动作的堆叠。通常角色本体也会发生些许移动。

（3）有时，为了避免让画面陷入完全静止的状态而采用微动保持效果。

明度（めいど）　　　　　　　　明度

颜色的明亮程度。越接近白色，明度就越高。

み

メインキャラ（めいんきゃら）　　　主要角色

Main Character，メインキャラクターの简称，指主要登场人物。

メインスタッフ（めいんすたっふ）　主要工作人员

Main Staff，一般包括导演、演出、角色设计师、作监、美监、摄影监督、色彩设定等工作人员。

メインタイトル（めいんたいとる）　　　主标题

Main Title，指作品的标题。相关用语为"副标题（サブタイトル）"。

目線（めせん）　　　　　　　　　　　　视线

指"人物看往的方向"。在真人电影中，如果两名演员看着彼此，那么他们的视线一定会汇合。而动画中，就必须绘制出"仿佛望向彼此的视线"。画错一条线，视线就有可能会错过。影像中角色的视线可是非常重要的。

【视线】

め

メタモルフォーゼ
（めたもるふぉーぜ）

変身

Metamorphose，指形态变换。比如灯神从神灯中显现，这种华丽的形态变换就是变身，魔法少女变身的场景也属于变身。变身展现出了手绘动画独特的魅力。

乍一看与"变形（モーフィング）"有相似之处，但其实两者是截然不同的概念。

目パチ（めばち） 眨眼

指眨眼睛。

各种形态的眼睛

① 睁眼状态			
② 半睁眼状态			
③ 闭眼状态			

目盛Pan（めもりぱん） 摇镜刻度

如果不是普通摇镜，而是需要改变摄影轨迹，进行不规则的移动，就需要标记"摇镜刻度"。

メンディングテープ（めんでぃんぐてーぷ） 隐形胶带

Mending Tape，比透明胶带（セロテープ）少几分弹力，贴在动画纸上时不易出现褶皱。可以在胶带表面用铅笔书写，相当方便。缺点是比较容易裂开。

模写（もしゃ） 临摹

为了理解和学习他人的绘画技法和意图，在边揣摩边加深理解的过程中进行绘制，是提高绘画水平的重要方法。

モーションブラー（もーしょんぶらー） 动态模糊

Motion Blur。

（1）类似于用胶片拍摄快速动作时，产生模糊感和流动感的画面处理方式。

（2）在摄影中，指按快门的速度过慢、手部抖动而产生的画面模糊效果，或被摄物移动过快所产生的画面效果。

【动态模糊】

原图

动态模糊。动作场景中不时会引入这样的画面

も

205

モノクロ（ものくろ） 黑白

Monochrome，モノクローム的简称，指黑白（包括灰色）的物体或画面。

モノトーン（ものとーん） 单色调

Monotone，通过单一色彩来表现浓淡和明暗的图像或画面。

黑白　　　　单色调　　　　彩色

モノローグ（ものろーぐ） 独白

Monologue，指心中的台词，角色的口型不变。为让观众意识到下一个场景是独白描写，往往会从能看到角色嘴部的场景开始独白戏。分镜和律表中会将独白标记成"MO"。与"Off台词"不同。

モーフィング（もーふぃんぐ） 变形

Morphing，指通过PC端对画面进行变形处理。能够非常流畅地将狗变形成猫。然而，由于这是纯粹地由中间影格做单纯形状衔接，这种变形无法体现出动态，也无法指示变形的时机。如果与手绘的变身（メタモルフォーゼ）区分使用，就可以游刃有余地应对种种需求。

モブシーン（もぶしーん） 群演场景

Mob Scene，人群聚集的场景。

【独白】

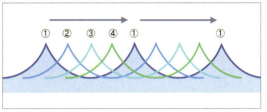

山送り（やまおくり） 曲线叠加

表现烟雾、旗帜、波浪等以曲线动态方式移动的手法。原画会标记"重复（リピート）"指示。

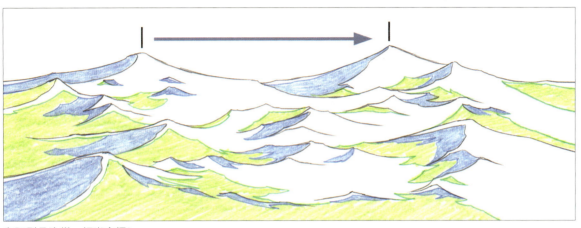

实际则是这样。相当麻烦！

其二 袅袅的烟雾

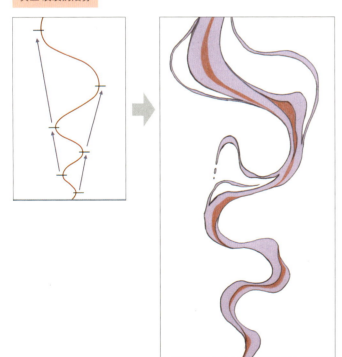

其三 爆炸的浓烟

通过曲线叠加来绘制形状。理论上依然很简单！

实际上能复杂到这种地步。没那么简单！

や

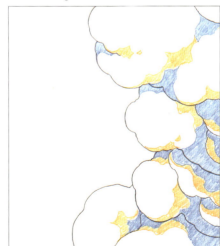

指パラ（ゆびぱら）　　　　　　手指翻阅

用啪啦啪啦的手法来确认动态。

至关重要的工作，应纳入动画专业的必修内容。详见"啪嗒啪嗒（パタパタ）"词条（见186页）中的说明。

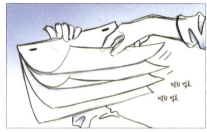

揺り戻し（ゆりもどし）　　　　余震返回效果

在肉眼所看到的动作范围外绘制的图像。由于动作太快，可以在原画中先勾勒出草图，再在动画阶段进行详细绘制。

"余震返回效果"这一用语并非业内的共识，所以有时说了"请加上余震返回效果"，对方可能一头雾水。如果作画监督希望在原画中指示该动作，可以画出草图，并指示"像这样画，动作要快到走过头的地步，然后再稍稍缩回来一点"。熟练掌握这种动态对动画师来说相当重要，就算原画不理解该用语，也应该明白"这样画"意味着"怎样画"。

横位置（よこいち）　　　　　　横向位置

指角色自然地横向排列的画面构图，看起来简洁而直观。

不需要仰角、俯瞰、局部遮挡，如果想展现普普通通的画面，只要指示"这个镜头用横向位置"即可。

一目了然的横向位置画面

予備動作（よびどうさ）　　　　预备动作

在进行目标动作之前的准备动作，亦作"先行动作"。本应直接援引英文术语Antic（Anticipation）将该用语称为"アンチ"的，然而已经晚了大约50年。

在开始跑步前，身体稍微下沉的动作就属于预备动作。在大动作之前需要较大幅度的预备动作，在小动作之前需要较小幅度的预备动作。对于动画师来说，这是一种至关重要的动态。

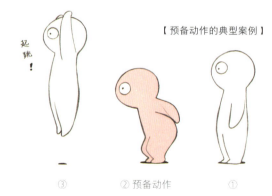

【预备动作的典型案例】

③　　　　② 预备动作　　　　①

关于余震返回效果

动画《白蛇传》中频繁使用了"余震返回效果"。法海在空中与白蛇激战之际，其手掌多次以雷霆之势劈下，然后在空中静止。这时，法海的手部由于速度过快而多向下了几分，再随着余震返回效果而微微回收，最终完全静止。这是一组3张/帧的动画，表现出了"哈！"的一掌下沉，再稳稳收住的效果。

——大冢康生（谈话摘录）

ラッシュ (らっしゅ) 　　　预演素材

Rush Film，ラッシュフィルム的简称。无须排序，将摄影得到的全部镜头随机衔接起来。"场记板（ボールド）"留着也无妨。尚未添加音频。

ラッシュチエツク (らっしゅちえっく) 　　　预演检查

Rush Check，观看预演素材，检查画面是否存在问题。如果作品是长篇动画，会在每周设置固定的一天作为预演检查日，依次对当周提交的影像进行检查。原则上，现场全体工作人员都应参加预演检查，每个人审阅自己负责的部分。相关用语包括"整体预演（オールラッシュ）""粗编（棒つなぎ）""提出修正（リテイク出し）"。

ラフ (らふ) 　　　草图

Rough，可以简单理解为"示意稿（アタリ）"。草图有底稿的意思，不过对于动画师来说，草图比底稿更加潦草。

ラフ原 (らふげん) 　　　草图原

"草图原画（ラフ原画）"的简称，指通过草图简要勾勒出大致动态趋势的原画。

ランダムブレ (らんだむぶれ) 　　　随机抖动

Random Blur，指随机抖动的图像。不过随机的方式有相应要求，应先确认随机抖动的方式，再进行动画的制作。

リアクション (りあくしょん) 　　　反应

Reaction，指"反应（反应）""反作用"。详情请查阅210页专栏。

リスマスク透過光 (りすますくとうかこう) 　　　高对比度透射光

Lith Mask Transmissive Light，即高对比遮罩透射光，是一种细线状的透射效果，例如远景中的闪电。该名词的来源要追溯到摄影台时代。当时，动画行业用高对比胶片[1]（Lith Film）来制作这种细线状的透射光遮罩。
包括高对比遮罩在内的遮罩需要在绘画阶段绘制，在上色阶段完成。TV系列动画的摄影排期往往只有3天，因此需要先将素材准备妥当，再及时交付摄影部门。

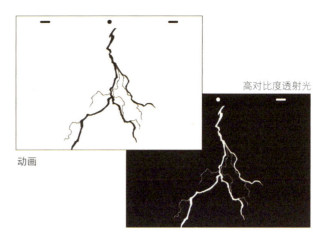

动画　　　高对比度透射光

リップシンク (りっぷしんく) 　　　口型适配

Lip Synch，配合录完的台词来绘制嘴部动态。日本动画作品中，常用这种方法来绘制唱歌场景。

リップシンクロ (りっぷしんくろ) 　　　口型同步

与"口型适配（リップシンク）"的意思基本相同。

リテイク (りていく) / リテーク (りてーく) 　　　修正

Retake，指重做、重绘。

呜啊啊啊啊！
修正！
↑ 这种感觉

リテイク出し (りていくだし) 　　　提出修正

指审阅预演画面，检查是否存在问题。由作监、原画师、动画师、上色、背景、摄影及其他相关责任人参会。不在制作公司的动画师基本没有参会机会。如提出参会的请求，则有可能被叫来参会。无论如何，都应该想方设法参加几次预演会议，学习一下提出修正的过程。如无相关经验，则很难理解影像产业中影像的制作究竟是怎么一回事。

---

[1] 高对比胶片（Lith Film）的特点是仅表现出黑色和白色两种颜色，几乎没有灰度阶之间的过渡。该特性使其适用于创建高对比度的图像，例如制作遮罩。——译者注

ら

リテイク表（りていくひょう）　　　　　修正表

列出所有需要修正的镜头的一览表。何时制作出这张表，对制片来说可谓决定命运的关键。如果在这个环节慢吞吞的话，很可能会赶不上截稿日期。

リテイク指示票
（りていくしじひょう）　　　　　修正指示票

贴在镜头素材袋外部、撰写着修正内容的记录单。

Ⓡ　友邻的生活大冒险　6 集

Ⓡ c-176

Ⓡ理由 A图层服饰上的图样错了⇨动检

动画 完成 A1～A16 END 新作

【修正指示票】

关于"反应（Reaction）"的误用

Reaction只有反应、反作用的含义。就像喜剧演员说"真是奇怪的反应呀"的那种"反应"。因此，将其理解为"预备动作（予備動作）"或"挤压动作（つぶし）"属于明显的误解。

据大冢康生老师的介绍，这种误用在东映长篇时代从未出现。然而，现在许多动画师都将反应与"填充动作"相混淆。究其原因，可能是从某个时间点，某个人开始了这种误用，后来就传播开来了。但误用的原因仍是个谜。

那么，让我们来看看动画师误用的"反应"分别是什么吧。

误用1 "挤压（スクワッシュ/Squash）"

当角色一边说着"啊，什么？"，一边回过头时，在转头的动作中会有几张微微压缩的画面。有些人把该画面称为"反应画面"，但实际上，这更接近于"拉伸&挤压（ストレッチ/Stretch＆スクワッシュ/Squash）"中的"挤压"。用日语来说就是"つぶし"。

因此，这种情况下应该称为挤压动作，而不是反应动作。

误用2 "Take（テイク）"

一种由惊讶而导致全身产生动作的反应，在向上拉伸之前要先微微下沉。也有人把下沉的这部分画面误称为Reaction。但这一连串的动作其实统称为Take。日本动画行业现在已经基本不使用这一概念了。

Take指始于预备动作，进而进入惊讶阶段（如表现"呀？！"的惊讶姿势），最终静止的一系列动作。

1. 惊讶前的画面。

2. 下沉的画面称为"Down（ダウン）"，是预备动作的一部分。

3. 惊讶时，最大程度向上拉伸的画面称为"Up（アップ）"，该动作为此系列动作的核心。

4. 静止的画面。

Take的基本模式如上文所述。日本动画业内偶尔会将其中的下沉画面称为"反应动画"，实则不然，其真实名称是表示惊讶动作的"Take"。然而，现在似乎也很难将Take这种说法引入日本了。

不过，应该至少将这种类型的画面称为"沉降画面（沈み込んだ絵）"。

误用3 "预备动作［アンチ/Antic（Anticipation）］"

这是最常见的误用。预备动作，也就是进行目标动作之前的准备动作，亦作"先行动作（先行動作）"。例如，在开始奔跑之前，身体略微下沉的动作。这与Reaction无关，应该如实称之为"预备动作"。

り

リピート（りぴーと） 重复

Repeat，重复同一个动作。相关用语为"曲线叠加（山送り）"。

水滴的重复

① ② ③ ④ ⑤ ⑥→①重复

リマスター版（りますたーばん） 数字重制版

将胶片时代的作品数字化后的蓝光（Blu-ray）版。

• 胶片会随着时间推移逐渐褪色，因此要将其恢复为制作时鲜艳的色彩。

• 修复胶片的噪点和划痕，使其呈现清晰的画面。

• 清除浮在手绘图层上的污垢和灰尘（这是手绘难以规避的问题）。

诸如此类的一系列数字化处理工作。

り

211

リミテッドアニメーション （りみてっどあにめーしょん） 限帧动画/低帧率动画

Limited（有限的）Animation，在美国发展起来的动画制作技术，多用于TV动画制作，旨在通过各种各样的技术减少需要绘制的图层数量，包括身体、面部等不同部位的绘制方法。

与之相对的概念是"全动画（フルアニメーション）"。

流Pan （りゅうぱん） 流线摇镜

将流线BG做Follow（跟随拍摄）的意思。亦作"Flash Pan（フラッシュPan）"。

レイアウト （れいあうと） 构图

Layout，缩写为"L/O"。基于分镜绘制的画面设计图。构图包括背景舞台、角色位置、移动范围、运镜等需要计算和设计的内容。通常兼作背景原图。

レイアウト撮 （れいあうとさつ） 构图摄影

指进入配音环节之际，最终画面仍未完成，而不得不采用构图画面进行摄影的非常手段。

【流线摇镜】

【构图】

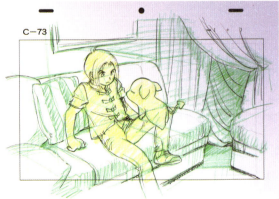

り

レイアウト用紙 (れいあうとようし)　　　构图纸

印制着标准画框、用于画面设计的构图专用纸。各大公司都有自己专属的构图纸。请参考附录中的"构图纸"，可将其调整至A4尺寸并打印使用。

レイヤー (れいやー)　　　图层

Layer，也就是"层"。类似于手绘中的"赛璐珞分层（セルレベル）"。BG和Book前景都分别算作一个图层。

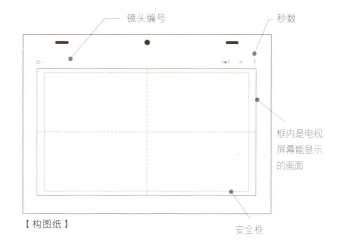

镜头编号　秒数

框内是电视屏幕能显示的画面

【构图纸】　　　安全框

【图层】

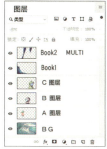

完成画面

实际上是分别由
不同图层构成的画面

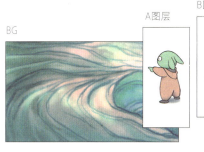

BG

A图层

B图层

C图层

Book 1

Book 2

れ

レイヤー T.U（れいやーてぃーゆー）/　　T.U图层/
レイヤー T.B（れいやーてぃーびー）　　T.B图层

T.U图层指不是对整个画面进行T.U（前推）操作，而是对图层（赛璐珞/图层）进行T.U操作。

由于范围相当广泛，在此举几个例子。

（1） 像光学处理一样，仅对特定的图层（背景、各个赛璐珞/图层）进行T.U操作。

（2） 分别为赛璐珞/图层、背景图层等进行不同的T.U操作。

（3） 在对背景进行T.B（拉镜头）操作的同时，对角色进行Zoom Up等无法通过摄影台实现的操作。

在时间律表上要明确指出对哪个图层（赛璐珞/图层、背景图层）进行T.U操作。

T.U图层作画案例

（1） 空中的汽车从前方飞来的画面。只需绘制一张空中汽车的静止画面，然后在拍摄过程中指示画面内车辆的大小（起始位置和最终位置）即可。

（2） 角色一路跑到镜头前的画面。绘制角色原地奔跑的图像（绘制方式与跟随动作相同），然后使用同样的摄影处理手法，让角色看起来在跑向镜头。

如能有效运用该方法，便可以节约可观的时间和经济成本。然而，若是具有深度和立体感的物体（如汽车）靠近镜头，由于其透视不会改变，因此画面会变得异常死板。

【 T.U图层 】

T.U图层作画案例 其1

通过固定摄像机拍摄出驶向镜头的汽车

①

②

③

由于汽车具有一定长度，因此其行驶到镜头前时，透视效果会极为明显

T.U图层（将图像①等比放大）后，透视效果失真

れ

T.U图层作画案例 其2

如果跑到镜头前的是人类呢？（通过固定摄像机拍摄出蹦蹦跳跳来到镜头前的人）

由于人体的厚度（也就是深度）不大，因此透视变化的效果并不显著

ＴＵ图层（将图像①等比放大）后，落地的脚和地面阴影不是很协调，但除此之外，整体画面效果尚可

T.U图层作画案例 其3

使用ＴＵ图层来画人物，对于TV动画的制作来说省时省力，十分高效（对于看不到地面的镜头来说则更加安全）

れ

レタス（れたす） RETAS

RETAS STUDIO的缩写，是2008年12月发售的一款专门用于制作赛璐珞动画的软件。RETAS通常被当作后期上色软件，不过Package版中还包含了另一款用于作画的软件"Stylos"。

RETAS STUDIO的画面

レンダリング（れんだりんぐ） 渲染

Rendering，指完成图像绘制。

渲染可以理解为"输出"。摄影完成后，要将视频导入另一台计算机进行渲染，并进行下一个镜头的摄影。渲染所需时间取决于计算机的性能，因此摄影公司会将所有摄影部门的计算机通过局域网进行连接，利用闲置计算机和专用渲染机全力处理渲染工作。

ロケハン（ろけはん） 实景考察/采风

Location Hunting，"ロケーション・ハンティング"的简称。在动画制作中，指对成为背景的实际地点进行调查和取材的过程。

【实景考察】

露光（ろこう）/ 露出（ろしゅつ） 曝光

摄影用语。"露光"与"露出"完全相同，都是曝光的意思。

ローテーション表（ろーてーしょんひょう） 排班表

在TV动画的制作中，通常会组成5～7个原画小组，每小组以一周为期，错周进行工作。如此一来，可保证每周都能完成一集时长为30分钟的动画。

因此，若电视台突然提出像"暑假特辑做成前后两集、合计1小时的节目吧"这种要求，排班表的节奏就会被打乱，制作部门也势必会乱成一锅粥。

れ

【排班表】

● 《友邻的生活大冒险》排班表

集数	脚本师	分镜	演出	作监	作曲	动检	上色	背景	进程
1	一桥	青山	青山	神村	高原寺动画	铃木	SAKANA	武藏	笹山
2	一桥	青山	青山	神村	中野制作	谷	SAKANA	武藏	高桥
3	一桥	里中	岸	神村	FREE A班	铃木	SAKANA	所泽	大野
4	中木	渡边	渡边	高峰	大阪动画	谷	大阪动画	所泽	佐竹
5	南	大海	青山	保村	本社班	铃木	本社班	武藏	鸟羽
6	坂本	岸	三天	神村	FREE B班	谷	SAKANA	武藏	笹山
7	坂本	里中	里中	保村	高原寺动画	铃木	SAKANA	所泽	高桥
8	一桥	岸	岸	佐佐木	中野制作	谷	SAKANA	武藏	大野

ロトスコープ（ろとすこーぷ）　　　　转描

Rotoscope，实际拍摄人的动作，再按照影像绘制动态的方法。有时候会将演员角色表演的动作直接转绘成线稿；有时候则仅抓取关键动作，在绘画中呈现出逼真的动态，乃至单从画面中根本看不出转描痕迹。

ローリング（ろーりんぐ）　　　　翻动

（1）将小幅度的赛璐珞/图层反复滑推的动画效果。例如，角色悬浮在空中时可使用这种运镜方式。

（2）单手手指分别夹住4张动画纸，从底部开始逐张放下以确认动态效果的查阅方法。熟悉之后可以双手并用，同时翻动8张动画纸。许多动画检查会采用这种手法，但"翻动"一词却鲜为人知。

ロングショット（ろんぐしょっと）　　　远景镜头

Long Shot，从远距离拍摄被摄物的镜头。拍出来的人物会很小。

【翻动】其一

角色悬停

【翻动】其二

跟手指翻阅（指パラ）的区别在哪里呢？

就是看着其上翻阅在手平
翻阅还是翻阅在手平

ろ

ワイプ（わいぷ）　　　　　　擦除转场

Wipe，一种转场方式。通过下一张画面覆盖当前画面的方式来实现画面切换。与"光圈（アイリス）"转场的区别在于，用此种方式转场画面不会变成全黑。

割り振り表（わりふりひょう）　　　　分工表

显示原画分配给哪位画师的一览表。

わ

【擦除转场】

附录

●**实用资料集**

复印即用、符合业内标准的有效表格

　·律表

　·分镜纸

　·构图纸

　·合成记录单

　·修正指示票

实用资料集

无版权限制
复印即用、符合业内标准的有效表格

● 律表 　　　　　　　　　将律表放大至A3或B4尺寸使用

TITLE	集	CUT	TIME	原画	SHEET

MEMO

复印时约放大至154%（图为原尺寸的65%）

220

● **分镜纸**　　　　　　　将分镜纸放大至A4尺寸使用

NO. _____

镜头	画面	内容	台词	秒数
			（　　　　　）	

复印时约放大至142%（图为原尺寸的70%）

● 构图纸　　　　　　　　　　将构图纸放大至A4尺寸使用

复印时约放大至142%（图为原尺寸的70%）

● 合成记录单

合成记录单　C—			
合成·亲代 ＋	合成·子代	＝	图层编号
＋		＝	
＋		＝	
＋		＝	
＋		＝	
＋		＝	
＋		＝	
＋		＝	
＋		＝	
＋		＝	
＋		＝	
＋		＝	
＋		＝	
＋		＝	
＋		＝	
＋		＝	

复印时约放大至200%
（图为原尺寸的50%）

● 修正指示票

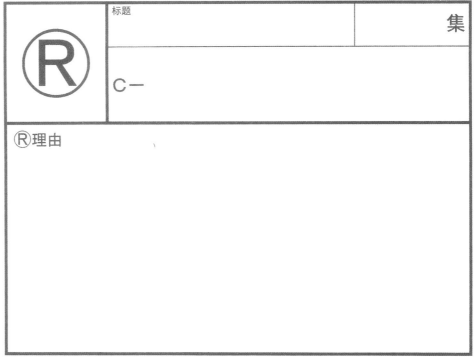

复印时约放大至134%（图为原尺寸的75%）

后记

我在华特·迪士尼动画日本部担任艺术教育工作者时注意到一个问题：长久以来，日本的商业动画未曾拥有过一本适用于培训新人动画师的专业用语集。各行各业为制定规则、维持标准，都有着自己专属的用语集，然而，这在我们的动画行业却是一片空白。既然没有，就自己动手吧。于是，我和动画行业志同道合的友人们开展了一场研讨会，而这正是本书的起源。该会议的成果已以PDF的形式发布在了"Animator Web"（正式名称：4年制大学培养实战能力动画师课程研讨会）网站（可免费获取）。然而，动画是影像的一种，很难单单用文字去完美诠释影像学的用语。有的用语若不配图，便很难让读者理解，于是只能再下个决心来提笔绘图了。我心怀这份信念，经过一年的努力，最终完成的内含大量手绘示意图的心血之作正是本书。

我们针对各种用语，采访了动画检查、上色、背景、摄影等各个专业岗位的工作人员，尽可能保证其准确性。随着时间的推移，有些用语逐渐隐没在了历史的长河中。我们对这些用语进行了修订，追寻其替代用法，并添加了新的标准化用语。

书中涉及的概念、取材的内容都力求准确，且具有一定现实意义。正因如此，本书有幸得到了动画制作公司和相关公司，以及大学动画专业和职业院校的一致认可。

衷心希望本书能够活跃在动画制作现场、大学与职业学校的教育过程中，为读者朋友的进步略尽绵薄之力。

神村幸子